21世纪高等学校计算机专业实用规划教材

微机原理学习与实践指导

葛桂萍　主编

管旗　罗家奇　曹永忠　副主编

清华大学出版社

北京

内 容 简 介

本书是《微型计算机原理及应用》(李云主编)的配套例题、习题与实验教材,在内容的编排上注重系统性、先进性和实用性,并注重提高读者的系统设计和创新能力。

本书的例题与习题涵盖了主教材中的全部内容,覆盖面较广、题型灵活多样、难度适宜,并针对主教材相应章节的关键知识点,进行了深入浅出的介绍,有助于读者进一步巩固理论知识。实验部分包括软件编程实验与硬件实验,每个软件实验均提供参考流程及参考程序;而硬件实验按照分层思想设计了基础实验和提高实验。另外,每个实验均附有思考题,供读者进一步分析、思考。

本书结合应用实例、习题与实验,实现实践环节的一体化,特别是硬件实验项目按分层思想设计,探索出了一种培养学生综合分析能力和创新能力的有效手段。

本书适用于普通高等院校电气信息类、机电类专业学生。本书不仅可以和《微型计算机原理及应用》教材配套使用,也可以作为其他微机原理教材的习题集与实验指导书。

图书在版编目(CIP)数据

微机原理学习与实践指导/葛桂萍主编. —北京:清华大学出版社,2010.10

(21 世纪高等学校计算机专业实用规划教材)

ISBN 978-7-302-22953-7

Ⅰ. ①微…　Ⅱ. ①葛…　Ⅲ. ①微型计算机—高等学校—教学参考资料　Ⅳ. ①TP36

中国版本图书馆 CIP 数据核字(2010)第 105402 号

责任编辑:魏江江　李玮琪
责任校对:时翠兰
责任印制:何　芊

出版发行:清华大学出版社　　　　　　　　　　地　　　址:北京清华大学学研大厦 A 座
　　　　　http://www.tup.com.cn　　　　　　邮　　　编:100084
　　　社　　总　　机:010-62770175　　　　邮　　　购:010-62786544
　　　投稿与读者服务:010-62795954,jsjjc@tup.tsinghua.edu.cn
　　　质　量　反　馈:010-62772015,zhiliang@tup.tsinghua.edu.cn

印　装　者:北京市清华园胶印厂
经　　销:全国新华书店
开　　本:185×260　印　张:11.25　字　数:262 千字
版　　次:2010 年 10 月第 1 版　　印　　次:2010 年 10 月第 1 次印刷
印　　数:1～3000
定　　价:19.00 元

产品编号:033193-01

编审委员会成员

		孙　莉	副教授
浙江大学		吴朝晖	教授
		李善平	教授
扬州大学		李　云	教授
南京大学		骆　斌	教授
		黄　强	副教授
南京航空航天大学		黄志球	教授
		秦小麟	教授
南京理工大学		张功萱	教授
南京邮电学院		朱秀昌	教授
苏州大学		王宜怀	教授
		陈建明	副教授
江苏大学		鲍可进	教授
武汉大学		何炎祥	教授
华中科技大学		刘乐善	教授
中南财经政法大学		刘腾红	教授
华中师范大学		叶俊民	教授
		郑世珏	教授
		陈　利	教授
江汉大学		颜　彬	教授
国防科技大学		赵克佳	教授
中南大学		刘卫国	教授
湖南大学		林亚平	教授
		邹北骥	教授
西安交通大学		沈钧毅	教授
		齐　勇	教授
长安大学		巨永峰	教授
哈尔滨工业大学		郭茂祖	教授
吉林大学		徐一平	教授
		毕　强	教授
山东大学		孟祥旭	教授
		郝兴伟	教授
中山大学		潘小轰	教授
厦门大学		冯少荣	教授
仰恩大学		张恩民	教授
云南大学		刘惟一	教授
电子科技大学		刘乃琦	教授
		罗　蕾	教授
成都理工大学		蔡　淮	教授
		于　春	讲师
西南交通大学		曾华燊	教授

出版说明

　　随着我国改革开放的进一步深化,高等教育也得到了快速发展,各地高校紧密结合地方经济建设发展需要,科学运用市场调节机制,加大了使用信息科学等现代科学技术提升、改造传统学科专业的投入力度,通过教育改革合理调整和配置了教育资源,优化了传统学科专业,积极为地方经济建设输送人才,为我国经济社会的快速、健康和可持续发展以及高等教育自身的改革发展做出了巨大贡献。但是,高等教育质量还需要进一步提高以适应经济社会发展的需要,不少高校的专业设置和结构不尽合理,教师队伍整体素质亟待提高,人才培养模式、教学内容和方法需要进一步转变,学生的实践能力和创新精神亟待加强。

　　教育部一直十分重视高等教育质量工作。2007 年 1 月,教育部下发了《关于实施高等学校本科教学质量与教学改革工程的意见》,计划实施"高等学校本科教学质量与教学改革工程(简称'质量工程')",通过专业结构调整、课程教材建设、实践教学改革、教学团队建设等多项内容,进一步深化高等学校教学改革,提高人才培养的能力和水平,更好地满足经济社会发展对高素质人才的需要。在贯彻和落实教育部"质量工程"的过程中,各地高校发挥师资力量强、办学经验丰富、教学资源充裕等优势,对其特色专业及特色课程(群)加以规划、整理和总结,更新教学内容、改革课程体系,建设了一大批内容新、体系新、方法新、手段新的特色课程。在此基础上,经教育部相关教学指导委员会专家的指导和建议,清华大学出版社在多个领域精选各高校的特色课程,分别规划出版系列教材,以配合"质量工程"的实施,满足各高校教学质量和教学改革的需要。

　　本系列教材立足于计算机专业课程领域,以专业基础课为主、专业课为辅,横向满足高校多层次教学的需要。在规划过程中体现了如下一些基本原则和特点。

　　(1) 反映计算机学科的最新发展,总结近年来计算机专业教学的最新成果。内容先进,充分吸收国外先进成果和理念。

　　(2) 反映教学需要,促进教学发展。教材要适应多样化的教学需要,正确把握教学内容和课程体系的改革方向,融合先进的教学思想、方法和手段,体现科学性、先进性和系统性,强调对学生实践能力的培养,为学生知识、能力、素质协调发展创造条件。

　　(3) 实施精品战略,突出重点,保证质量。规划教材把重点放在公共基础课和专业基础课的教材建设上;特别注意选择并安排一部分原来基础比较好的优秀教材或讲义修订再版,逐步形成精品教材;提倡并鼓励编写体现教学质量和教学改革成果的教材。

　　(4) 主张一纲多本,合理配套。专业基础课和专业课教材配套,同一门课程有针对不同层次、面向不同应用的多本具有各自内容特点的教材。处理好教材统一性与多样化,基本教材与辅助教材、教学参考书,文字教材与软件教材的关系,实现教材系列资源配套。

　　(5) 依靠专家,择优选用。在制定教材规划时要依靠各课程专家在调查研究本课程教材建设现状的基础上提出规划选题。在落实主编人选时,要引入竞争机制,通过申报、评审确定主题。书稿完成后要认真实行审稿程序,确保出书质量。

　　繁荣教材出版事业,提高教材质量的关键是教师。建立一支高水平教材编写梯队才能保证教材的编写质量和建设力度,希望有志于教材建设的教师能够加入到我们的编写队伍中来。

21世纪高等学校计算机专业实用规划教材
联系人:魏江江 weijj@tup. tsinghua. edu. cn

前　言

　　本书是《微型计算机原理及应用》(李云主编,清华大学出版社出版)一书的配套例题、习题与实验教材,全书包括三部分内容。第一部分例题与习题,涵盖了主教材中的全部内容,将各知识点融会贯通,进行了深入浅出的介绍,有助于读者进一步巩固所学知识,掌握解题思路和解题方法;第二部分汇编语言程序设计实验,包括程序调试、顺序程序设计、分支和循环程序设计、子程序设计等四个软件编程实验,每个实验均提供参考流程和参考程序;第三部分硬件实验,包括简单并行接口、可编程并行接口 8255A、可编程定时器/计数器、中断、七段 LED 显示器、A/D 转换器、D/A 转换器、串行通信等,这些典型硬件实验按分层思想设计了基础实验和提高实验等实验项目,基础实验给出了设计流程和参考程序,提高实验仅提供设计流程供读者参考,具体程序由读者自行分析完成,步进电机控制、键盘显示控制、数据采集等综合性实验可作为课程设计选用,另外,每个实验均附有思考题,供读者进一步思考、分析;附录包括习题参考答案、调试程序 DEBUG 的主要命令、汇编语言出错信息等。

　　本书结合应用实例、习题与实验,实现实践环节的一体化,巩固理论学习,特别是硬件实验项目按分层思想设计,用以培养学生的综合分析能力和创新能力。

　　本书由葛桂萍主编,管旗、罗家奇、曹永忠担任副主编。第一部分的第 1、2、6、9 章及相应参考答案由葛桂萍编写,第 3、4、7 章及相应参考答案由曹永忠编写,第 5、8、10、11 章及相应参考答案由管旗编写;第二部分由罗家奇编写;第三部分由罗家奇、葛桂萍共同编写;附录 B、附录 C 由葛桂萍编写。全书由葛桂萍统稿,李云审稿。在全书审定过程中秦炳熙提出了许多宝贵意见,另外,管旗、于海东还参与了一些资料的整理工作,在此一并表示感谢。

　　由于编者水平有限,时间仓促,书中难免存在疏漏和不当之处,恳请各位读者批评指正。

编　者

2010 年 8 月于扬州大学

目 录

第一部分
例题与习题

第 1 章 微型计算机基础

1.1 例 题

1. 把十进制数 137.875 转换为二进制数。

解：把十进制数转换成二进制数时，需要对一个数的整数部分和小数部分分别进行处理，得出结果后再合并。

整数部分：一般采用除 2 取余法。

小数部分：一般采用乘 2 取整法。

		余数 低位		整数 高位
2	137	------- 1 ↑	0.875	
2	68	------- 0	× 2	
2	34	------- 0	1.750 ------- 1	
2	17	------- 1	× 2	
2	8	------- 0	1.500 ------- 1	
2	4	------- 0	× 2	
2	2	------- 0	1.000 ------- 1 ↓	
	1	------- 1 高位	低位	

$$(137)_{10} = (10001001)_2 \qquad (0.875)_{10} = (0.111)_2$$

所以，

$$(137.875)_{10} = (10001001.111)_2$$

2. 把二进制数 10011.0111 转换为八进制数和十六进制数。

解：八进制、十六进制都是从二进制演变而来的，三位二进制数对应一位八进制数，四位二进制数对应一位十六进制数。从二进制向八进制、十六进制转换时，把二进制数以小数点为界，对小数点前后的数分别分组进行处理。不足的位用 0 补足，整数部分在高位补 0，小数部分在低位补 0。

$$(10\ 011.011\ 1)_2 = (010\ 011.011\ 100)_2 = (23.34)_8$$
$$(1\ 0011.0111)_2 = (0001\ 0011.0111)_2 = (13.7)_{16}$$

3. 将八进制数 23.34 转换为二进制数。

解：$(23.34)_8 = (010\ 011.011\ 100)_2 = (10011.0111)_2$

4. $X = 0.1010$，$Y = -0.0111$，求 $[X-Y]_补$，并判断是否有溢出。

解：$[X-Y]_补=[X]_补+[-Y]_补$

$[X]_补=0.1010$ $[Y]_补=1.1001$ $[-Y]_补=0.0111$

$$\begin{array}{r}0.1010\\+0.0111\\\hline 1.0001\end{array}$$

说明：当异号相减运算时，通过补码，将减法运算转换为两个正数的加法运算，结果为负(符号位为1)，表示运算结果溢出。

5. 10010101B 分别为原码、补码、BCD 码表示时，对应的十进制数为多少？

解：$[X]_原=10010101,X=-21$

$[X]_补=10010101,[X]_原=11101011,X=-107$

$[X]_{BCD}=10010101,X=95$

6. 简述计算机为什么能实现自动连续地运行。

解：计算机能实现自动连续地运行，是由于计算机采用了存储程序的工作原理。把解决问题的计算过程描述为由许多条指令按一定顺序组成的程序，然后把程序和处理所需要的数据一起输入到计算机的存储器中保存起来。计算机接收到执行命令后，由控制器逐条取出并执行指令，控制整个计算机协调地工作，从而实现计算机自动连续地运行。

1.2 习 题

1. 选择题

(1) 8086 是(　　)。

A. 微机系统　　　　B. 微处理器　　　　C. 单板机　　　　D. 单片机

(2) 下列数中最小的数为(　　)。

A. $(101001)_2$　　B. $(52)_8$　　C. $(2B)_{16}$　　D. $(50)_{10}$

(3) 下列无符号数中，值最大的数是(　　)。

A. $(10010101)_2$　　B. $(227)_8$　　C. $(96)_{16}$　　D. $(150)_{10}$

(4) 设寄存器的内容为10000000,若它等于-127,则为(　　)。

A. 原码　　　　B. 补码　　　　C. 反码　　　　D. ASCII 码

(5) 在小型或微型计算机里，普遍采用的字符编码是(　　)。

A. BCD 码　　　B. 十六进制　　　C. 格雷码　　　D. ASCII 码

(6) 若机器字长 8 位，采用定点整数表示，一位符号位，则其补码的表示范围是(　　)。

A. $-(2^7-1)\sim 2^7$　　　　　　　　B. $-2^7\sim 2^7-1$

C. $-2^7\sim 2^7$　　　　　　　　　D. $-(2^7-1)\sim 2^7-1$

(7) 二进制数 00100011,用 BCD 码表示时，对应的十进制数为(　　)。

A. 23　　　B. 35　　　C. 53　　　D. 67

(8) 已知$[X]_补=10011000$,其真值为(　　)。

A. -102　　　B. -103　　　C. -48　　　D. -104

(9) 二进制数 10100101 转换为十六进制数是(　　)。

A. 105　　　B. 95　　　C. 125　　　D. A5

(10) 连接计算机各部件的一组公共通信线称为总线,它由(　　)。

A. 地址总线和数据总线组成　　　　　　B. 地址总线和控制总线组成

C. 数据总线和控制总线组成　　　　　　D. 地址总线、数据总线和控制总线组成

(11) 计算机硬件系统包括(　　)。

A. 运算器、存储器、控制器　　　　　　B. 主机与外围设备

C. 主机和实用程序　　　　　　　　　　D. 配套的硬件设备和软件系统

(12) 计算机硬件能直接识别并执行的只有(　　)。

A. 高级语言　　　　B. 符号语言　　　　C. 汇编语言　　　　D. 机器语言

(13) 完整的计算机系统是由(　　)组成的。

A. 主机与外设　　　　　　　　　　　　B. CPU 与存储器

C. ALU 与控制器　　　　　　　　　　　D. 硬件系统与软件系统

(14) 计算机内进行加、减法运算时常采用(　　)。

A. ASCII 码　　　　B. 原码　　　　　　C. 反码　　　　　　D. 补码

(15) 下列字符中,ASCII 码值最小的是(　　)。

A. a　　　　　　　　B. A　　　　　　　C. x　　　　　　　D. Y

(16) 下列字符中,ASCII 码值最大的是(　　)。

A. D　　　　　　　　B. 9　　　　　　　C. a　　　　　　　D. y

(17) 目前制造计算机所采用的电子器件是(　　)。

A. 中规模集成电路　　　　　　　　　　B. 超大规模集成电路

C. 超导材料　　　　　　　　　　　　　D. 晶体管

(18) 计算机中的 CPU 指的是(　　)。

A. 控制器　　　　　　　　　　　　　　B. 运算器和控制器

C. 运算器、控制器和主存　　　　　　　D. 运算器

(19) 计算机的发展阶段通常是按计算机所采用的(　　)来划分的。

A. 内存容量　　　　B. 电子器件　　　　C. 程序设计语言　　　D. 操作系统

(20) 计算机系统总线中,可用于传送读、写信号的是(　　)。

A. 地址总线　　　　B. 数据总线　　　　C. 控制总线　　　　D. 以上都不对

2. 填空题

(1) 计算机中的软件分为两大类:_____软件和_____软件。

(2) 部件间进行信息传送的通路称为_____。

(3) 为判断溢出,可采用双符号位补码进行判断,此时正数的符号用_____表示,负数的符号用_____表示。

(4) 8 位二进制补码所能表示的十进制整数范围是_____。

(5) 总线是连接计算机各部件的一组公共信号线,它是计算机中传送信息的公共通道。总线由_____、_____和控制总线组成。

(6) 数据总线用来在_____与内存储器(或 I/O 设备)之间交换信息。

(7) 在微机的三组总线中,_____总线是双向的。

(8) 地址总线由_____发出,用来确定 CPU 要访问的内存单元(或 I/O 端口)的地址。

(9) 以微处理器为基础,配上_____和输入输出接口等,就构成了微型计算机。

3. 将下列十进制数分别转换成二进制数、十六进制数。

(1) 124.625　　　　(2) 635.05　　　　　　(3) 301.6875　　　　(4) 3910

4. 将二进制数 1101.101B、十六进制数 2AE.4H、八进制数 42.57Q 转换为十进制数。

5. 用 8 位二进制数表示出下列十进制数的原码、反码和补码。

(1) ＋127　　　　　(2) －127　　　　　　(3) ＋66　　　　　(4) －66

6. 设机器字长 16 位,定点补码表示,尾数 15 位,数符 1 位,问:

(1) 定点整数的范围是多少?

(2) 定点小数的范围是多少?

7. 请写出下列字母、符号、控制符或字符串的 ASCII 码。

(1) B　　　　　　　(2) h　　　　　　　(3) SP(空格)　　(4) 5　　　　(5) $

(6) CR(回车)　　　(7) LF(换行)　　　(8) ＊　　　　　　(9) Hello

第2章 | 16位和32位微处理器

2.1 例 题

1. 简述 8086 总线分时复用的特点。

解：为了减少引脚信号线的数目，8086 微处理器有 21 条引脚是分时复用的双重总线，即 $AD_{15} \sim AD_0$、$A_{19}/S_6 \sim A_{16}/S_3$ 以及 $\overline{BHE}/S_7$。这 21 条信号线在每个总线周期开始（T_1）时，用来输出所寻址访问的内存或 I/O 端口的地址信号 $A_{19} \sim A_0$ 以及"高 8 位数据允许"信号 $\overline{BHE}$；而在其余时间（$T_2 \sim T_4$）用来传输 8086 与内存或 I/O 端口之间所传送的数据 $D_{15} \sim D_0$，以及输出 8086 的有关状态信息 $S_7 \sim S_3$。

2. 什么是时钟周期？它和指令周期、总线周期之间的关系是什么？

解：(1) 时钟脉冲的重复周期称为时钟周期。时钟周期是 CPU 的时间基准，由 CPU 的主频决定。

(2) 指令周期是执行一条指令所需要的时间，包括取指令、译码和执行指令的时间。指令周期由一个或多个总线周期组成，不同指令的指令周期所包含的总线周期的个数是不同的，它与指令的性质及寻址方式有关。

(3) 一个总线周期至少由 4 个时钟周期组成，分别表示为 T_1、T_2、T_3、T_4。

3. 8086 有哪两种工作方式？二者的主要区别是什么？

解：微处理器有两种工作方式：最小方式和最大方式。

(1) 系统中只有一个 CPU，对存储器和 I/O 接口的控制信号由 CPU 直接产生的单处理机方式称为最小方式，此时 $MN/\overline{MX}$ 接高电平。

(2) 对存储器和 I/O 接口的控制信号由 8288 总线控制器提供的多处理机方式称为最大方式，此时 $MN/\overline{MX}$ 接低电平，在此方式下可以接入 8087 或 8089。

4. 有一个 16 个字的数据区，它的起始地址为 70A0H：DDF6H，如图 1.2.1 所示。请写出这个数据区首、末字单元的物理地址。

解：首地址 $= 70A0H + 0DDF6H = 7E7F6H$

末地址 $= 7E7F6H + 16 \times 2 - 2 = 7E7F6H + 20H - 2H = 7E814H$

5. 根据图 1.2.2 和图 1.2.3 所示的 8086 存储器读写时序图，回答如下问题。

(1) 地址信号在哪段时间内有效？

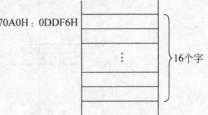

图 1.2.1 存储器单元分布图

8

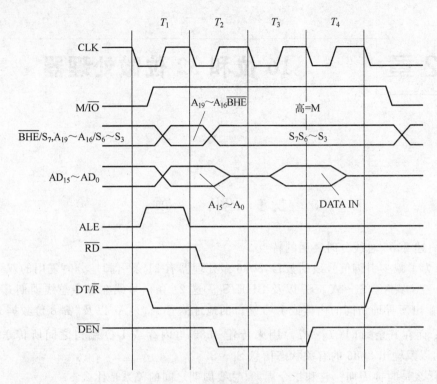

图 1.2.2　存储器读周期时序图

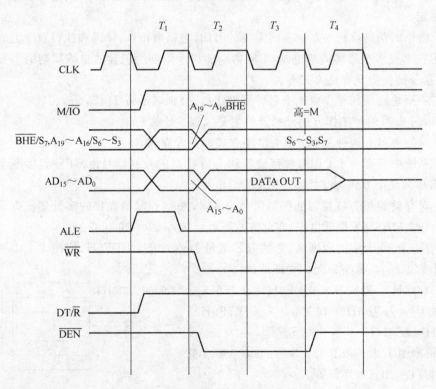

图 1.2.3　存储器写周期时序图

（2）读操作和写操作的区别有哪些？

（3）存储器读写时序与 I/O 读写时序的区别有哪些？

（4）在什么情况下需要插入等待周期 T_W？

解：（1）在 T_1 周期,双重总线 $AD_{15} \sim AD_0$、$A_{19}/S_6 \sim A_{16}/S_3$ 上输出要访问的内存单元的地址信号 $A_{19} \sim A_0$。

（2）读操作与写操作的主要区别如下：

① $DT/\bar{R}$ 控制信号在读周期中为低电平,在写周期中为高电平。

② 在读周期中,RD 控制信号在 $T_2 \sim T_3$ 周期为低电平(有效电平)；在写周期中,$\overline{WR}$ 控制信号为低电平(有效电平)。

③ 在读周期中,数据信息一般出现在 T_2 周期以后。在 T_2 周期,$AD_{15} \sim AD_0$ 进入高阻态,此时,内部引脚逻辑发生转向,由输出变为输入,以便为读入数据做准备。而在写周期中,数据信息在双重总线上是紧跟在地址总线有效之后立即由 CPU 送上的,两者之间无高阻态。

（3）存储器操作与 I/O 操作的区别如下：

在存储器周期中,控制信号 $M/\overline{IO}$ 始终为高电平；而在 I/O 周期中,控制信号 $M/\overline{IO}$ 始终为低电平。

（4）CPU 在每个总线周期的 T_3 状态开始采样 READY 信号,若为低电平,则表示被访问的存储器或 I/O 设备的数据还未准备好,此时应在 T_3 状态之后插入一个或几个 T_W 周期,直到 READY 变为高电平,才进入 T_4 状态,完成数据传送,从而结束当前总线周期。

2.2 习　　题

1. 选择题

（1）在 8086/8088 的总线周期中,ALE 信号在 T_1 期间有效。它是一个（　　）。

A. 负脉冲,用于锁存地址信息   B. 负脉冲,用于锁存数据信息

C. 正脉冲,用于锁存地址信息   D. 正脉冲,用于锁存数据信息

（2）8086/8088 的最大模式和最小模式相比至少需增设（　　）。

A. 数据驱动器   B. 中断控制器   C. 总线控制器   D. 地址锁存器

（3）在 8086CPU 中,不属于总线接口部件的是（　　）。

A. 20 位的地址加法器   B. 指令队列

C. 段地址寄存器   D. 通用寄存器

（4）在 8088 系统中,只需 1 片 8286 就可以构成数据总线收发器,而 8086 系统中构成数据总线收发器的 8286 芯片的数量为（　　）。

A. 1   B. 2   C. 3   D. 4

（5）CPU 内部的中断允许标志位 IF 的作用是（　　）。

A. 禁止 CPU 响应可屏蔽中断   B. 禁止中断源向 CPU 发中断请求

C. 禁止 CPU 响应 DMA 操作   D. 禁止 CPU 响应非屏蔽中断

（6）在 8086 的存储器写总线周期中,微处理器给出的控制信号(最小模式下)$\overline{WR}$、RD、$M/\overline{IO}$ 分别是（　　）。

A. 1,0,1   B. 0,1,0   C. 0,1,1   D. 1,0,0

(7) 当 8086CPU 从总线上撤销地址,而使总线的低 16 位置成高阻态时,其最高 4 位用来输出总线周期的(　　　)。

　　A. 数据信息　　　　　　B. 控制信息　　　　　　C. 状态信息　　　　　　D. 地址信息

(8) 8086CPU 在进行 I/O 写操作时,$M/\overline{IO}$ 和 $DT/\overline{R}$ 必须是(　　　)。

　　A. 0,0　　　　　　　B. 0,1　　　　　　　C. 1,0　　　　　　　D. 1,1

(9) 若在一个总线周期中,CPU 对 READY 信号进行了 5 次采样,那么该总线周期共包含时钟周期的数目为(　　　)。

　　A. 5　　　　　　　B. 6　　　　　　　C. 7　　　　　　　D. 8

(10) 8086 系统复位后,下面的叙述中错误的是(　　　)。

　　A. 系统从 FFFF0H 处开始执行程序　　　　B. 系统此时能响应 INTR 引入的中断

　　C. 系统此时能响应 NMI 引入的中断　　　　D. DS 中的值为 0000H

(11) CPU 访问内存时,$\overline{RD}$ 信号开始有效对应的状态是(　　　)。

　　A. T_1　　　　　　　B. T_2　　　　　　　C. T_3　　　　　　　D. T_4

2. 填空题

(1) 8086/8088 微处理器被设计为两个独立的功能部件:＿＿＿＿＿＿和＿＿＿＿＿＿。

(2) 当 8086 进行堆栈操作时,CPU 会选择＿＿＿＿＿＿段寄存器来形成 20 位堆栈地址。

(3) 8086CPU 时钟频率为 5MHz 时,它的典型总线周期为＿＿＿＿＿＿ns。

(4) 8086CPU 的最大方式和最小方式是由引脚＿＿＿＿＿＿信号的状态决定的。

(5) 当 8086 工作在最大方式下时,需要＿＿＿＿＿＿芯片提供控制信号。

(6) 若 8086 系统用 8 位的 74LS373 来作为地址锁存器,那么需要＿＿＿＿＿＿片这样的芯片。

(7) 根据功能的不同,8086 标志寄存器 F 中的各种标志可分为两类:＿＿＿＿＿＿标志和＿＿＿＿＿＿标志。

(8) 8086CPU 在执行指令过程中,当指令队列已满,且 EU 对 BIU 又没有总线访问请求时,BIU 进入＿＿＿＿＿＿状态。

(9) 复位后,8086 将从＿＿＿＿＿＿地址开始执行指令。

(10) 8086/8088CPU 的 $A_{19}/S_6 \sim A_{16}/S_3$ 在总线周期的 T_1 期间,用来输出＿＿＿＿＿＿位地址信息中的＿＿＿＿＿＿位,而在其他时钟周期内,用来输出＿＿＿＿＿＿信息。

3. 完成下列各式补码运算,并根据结果设置标志位 SF、ZF、CF、OF。

(1) 96+(−19)　　　(2) 90+107

(3) (−33)+14　　　(4) (−33)+(−14)

4. 写出下列存储器地址的段地址、偏移地址和物理地址。

(1) 2314H：0035H　　　(2) 1FD0H：000AH

5. 在 8086 系统中,下一条指令所在单元的物理地址是如何计算的?

6. 若某存储器容量为 2KB,在计算机存储系统中,其起始地址为 2000H：3000H,请计算出该存储器物理地址的范围。

7. 8086 的复位信号是什么? 有效电平是什么? CPU 复位后,寄存器和指令队列处于什么状态?

8. 8086 CPU 标志寄存器中的控制位有几个？简述它们的含义。

9. 设 8088 的时钟频率为 5MHz,总线周期中包含两个 T_w 等待周期。

(1) 该总线周期是多少？

(2) 该总线周期内对 READY 信号检测了多少次？

10. 8086 与 8088 CPU 的主要区别有哪些？

11. 8086/8088 CPU 由哪两部分构成？它们的主要功能是什么？

12. 8086/8088 CPU 系统中为什么要用地址锁存器？

13. 8086/8088 CPU 处理非屏蔽中断 NMI 和可屏蔽中断 INTR 有何不同？

3.1 例 题

1. 指出下列指令中源操作数的寻址方式。

(1) MOV AX,002FH

(2) MOV BX,[SI]

(3) MOV CX,[BX+SI+2]

(4) MOV DX,DS：[1000H]

(5) MOV SI,BX

解：(1) 立即寻址。

(2) 寄存器间接寻址。

(3) 基址变址寻址。

(4) 直接寻址。

(5) 寄存器寻址。

2. 若寄存器 AX、BX、CX、DX 的内容分别为 18、19、20、21,则依次执行 PUSH AX、PUSH BX、POP CX、POP DX 后,寄存器 CX 的内容为多少?

解：执行 PUSH AX 指令后,将 18 压入堆栈,(SP)−2→SP;

执行 PUSH BX 指令后,将 19 压入堆栈,(SP)−2→SP;

执行 POP CX 指令后,将 19 从堆栈中弹出,放入 CX,(SP)+2→SP;

执行 POP DX 指令后,将 18 从堆栈中弹出,放入 DX,(SP)+2→SP;

故上述四条指令执行后,(CX)=19。

3. 指出下列指令的错误所在:

(1) MOV AL,SI

(2) MOV BL,[SI][DI]

(3) XCHG CL,100

(4) PUSH AL

(5) IN AL,256

(6) MOV BUF,[SI]

(7) SHL AL,2

(8) MOV DS,2000H

(9) MUL 100

(10) MOV　AL,BYTE PTR SI

解：(1) AL、SI 的数据类型不匹配；

(2) 不允许同时使用变址寄存器 SI、DI,正确的基址变址寻址方式中应运用一基址、一变址寄存器；

(3) 只能在寄存器与存储器单元或寄存器之间交换数据；

(4) 只能向堆栈中压入字类型数据；

(5) I/O 端口地址若超过 8 位,则应该由 DX 寄存器提供；

(6) 两操作数不能同时为存储器操作数；

(7) 移位次数大于 1,则应该由 CL 寄存器提供；

(8) 立即数不能直接送给段寄存器；

(9) 乘法指令的操作数不能是立即数；

(10) PTR 算符不能运用于寄存器寻址方式。

4. 执行下列指令序列后,AX 和 CF 中的值分别是多少？

```
STC
MOV    CX,0403H
MOV    AX,0A433H
SAR    AX,CL
XCHG   CH,CL
SHL    AX,CL
```

解：

```
STC; CF = 1
MOV    CX,0403H; (CX) = 0403H
MOV    AX,0A433H; (AX) = 0A433H
SAR    AX,CL; 算术右移 3 位,(AX) = 0F486H
XCHG   CH,CL; 互换 CH、CL 中的内容,(CX) = 0304H
SHL    AX,CL; 逻辑左移 4 位,(AX) = 4860H,CF = 1
```

所以,(AX)=4860H,CF=1。

5. 设计指令序列,完成下列功能。

(1) 写出将 AL 的最高位置 1,最低位取反,其他位保持不变的指令段。

(2) 写出将 AL 中的高四位和低四位数据互换的指令段。

(3) 检测 AL 中的最高位是否为 1,若为 1,则转移到标号 NEXT 处,否则顺序执行,请用两条指令完成之。

(4) 写出将立即数 06H 送到口地址为 3F00H 的端口的指令序列。

解：

```
(1) OR     AL,80H
    XOR    AL,01H
(2) MOV    CL,4
    ROR    AL,CL
(3) TEST   AL,80H
    JNZ    NEXT
(4) MOV    AL,06H
    MOV    DX,3F00H
    OUT    DX,AL
```

3.2 习　　题

1. 选择题

(1) 下列指令执行后有可能影响 CS 值的指令数目是(　　)。

JMP、　MOV、　RET、　ADD、　INT

JC、　　LODS、　CALL、MUL、　POP

   A. 3　　　　　　　　B. 4　　　　　　　　C. 5　　　　　　　　D. 6

(2) 8086 在基址变址的寻址方式中,基址、变址寄存器分别是(　　)。

   A. AX 或 CX,BX 或 CX　　　　　　B. BX 或 BP,SI 或 DI

   C. SI 或 BX,DX 或 DI　　　　　　　D. CX 或 DI,CX 或 SI

(3) 设(SS)=338AH,(SP)=0450H,执行 PUSH BX 和 PUSHF 两条指令后,堆栈顶部的物理地址是(　　)。

   A. 33CECH　　　B. 33CF2H　　　　C. 33CF4H　　　　D. 33CE8H

(4) 若(AX)=−15,要得到(AX)=15,应执行的指令是(　　)。

   A. NEG AX　　　B. NOT AX　　　　C. INC AX　　　　D. DEC AX

(5) 若(SP)=0124H,(SS)=3300H,在执行 RET 4 这条指令后,栈顶的物理地址为(　　)。

   A. 33120H　　　B. 3311EH　　　　C. 33128H　　　　D. 3312AH

(6) 已知程序序列为:

```
ADD  AL,BL
JNO  L1
JNC  L2
```

若 AL 和 BL 的内容有以下四组给定值,则使该指令序列转向 L2 执行的给定值是(　　)。

   A. (AL) = 0B6H,(BL) = 87H　　　B. (AL) = 05H,(BL) = 0F8H

   C. (AL) = 68H,(BL) = 74H　　　　D. (AL) = 81H,(BL) = 0A2H

(7) 以下三条指令执行后,(DX)=(　　)。

```
MOV  DX,0
MOV  AX,0FFABH
CWD
```

   A. 0FFABH　　　B. 0　　　　　　　C. 0FFFFH　　　　D. 无法确定

(8) 设(AX)=0C544H,在执行指令 ADD AH,AL 后,相应的状态为(　　)。

   A. CF=0,OF=0　　　　　　　　　B. CF=0,OF=1

   C. CF=1,OF=0　　　　　　　　　D. CF=1,OF=1

(9) 下列将累加器 AX 内容清零的指令中错误的是(　　)。

   A. AND　AX,0　　　　　　　　　B. XOR　AX,AX

   C. SUB　AX,AX　　　　　　　　　D. CMP　AX,AX

(10) 将变量 BUF 的偏移地址送入 SI 的正确指令是(　　)。

A. MOV　[SI],BUF　　　　　　　B. MOV　SI,BUF

C. LEA　SI,BUF　　　　　　　　D. MOV　OFFSET BUF,SI

(11) INC 指令不影响(　　)标志。

A. OF　　　　　　B. CF　　　　　　C. ZF　　　　　　D. SF

(12) 下列判断累加器 AX 内容是否为全 0 的 4 种方法中,正确的有(　　)种。

① SUB　AX,0　　　　　　　　　② XOR　AX,0

　 JZ　　L1　　　　　　　　　　　 JZ　　L1

③ OR　AX,AX　　　　　　　　　④ TEST　AX,0FFFFH

　 JZ　L1　　　　　　　　　　　　 JZ　　L1

A. 1　　　　　　　B. 2　　　　　　C. 3　　　　　　D. 4

(13) 在下列指令中,隐含使用 AL 寄存器的指令有(　　)条。

AAA　　　　　　　MOVSB　　　　　　MUL BH

CBW　　　　　　　SCASB　　　　　　XLAT

A. 2　　　　　　　B. 3　　　　　　C. 4　　　　　　D. 5

(14) 已知(SS)=1000H,(SP)=2000H,(BX)=283FH,指令 CALL WORD PTR [BX]的机器代码是 0FF17H,该指令的起始地址为 1000H,则执行该指令后,内存单元 11FFEH 中的内容是(　　)。

A. 28H　　　　　　B. 3FH　　　　　　C. 00H　　　　　　D. 02H

(15) 设 AL 中的值为 84H,CF=1,执行 RCR AL,1 指令后,AL 中的值和 CF 分别为(　　)。

A. 0C2H,1　　　　　B. 42H,1　　　　　C. 0C2H,0　　　　　D. 42H,0

(16) 能够将 CF 置 1 的指令是(　　)。

A. CLC　　　　　　B. CMC　　　　　　C. NOP　　　　　　D. STC

(17) 执行下列三条指令后,AX 寄存器中的内容是(　　)。

```
MOV  AX,'8'
ADD  AL,'9'
AAA
```

A. 0071H　　　　　　B. 0107H　　　　　　C. 0017H　　　　　　D. 0077H

(18) 下列指令执行后,能影响标志位的指令是(　　)。

A. LOOPNZ　NEXT　　　　　　　B. JNZ　NEXT

C. MOV　AX,2400H　　　　　　　D. INT　21H

(19) 若(DX)=1234H,(IP)=5678H,则执行 JMP DX 指令后,寄存器变化正确的是(　　)。

A. (DX)=1234H,(IP)=5678H　　　B. (DX)=1234H,(IP)=1234H

C. (DX)=5678H,(IP)=5678H　　　D. (DX)=5678H,(IP)=1234H

(20) 对于以下程序段:

```
AGAIN: MOV ES:[DI],AL
       INC DI
       LOOP AGAIN
```

在下列指令中,可完成与上述程序段相同功能的指令是（　　）。

A. REP　MOVSB　　　　　　　　　B. REP　STOSB

C. REP　LODSB　　　　　　　　　D. REP　SCASB

2. 填空题

(1) 与指令 MOV BX,OFFSET DATA 等效的指令是_____。

(2) 对寄存器 BX 的内容求补的正确指令是_____。

(3) 使 AL 中的操作数 0、1 位变反,其他位不变的指令是_____。

(4) 假定(SP)=0100H,(AX)=2107H,执行指令 PUSH AX 后,存放数据 21H 的偏移地址是_____。

(5) 设(CS)=3100H,(DS)=40FFH,并且两段空间均为 64×2^{10} 个单元,那么这两段的重叠区域为_____个单元。

(6) 执行下列程序后,

```
MOV   AL,BL
NOT   AL
XOR   AL,BL
OR    BL,AL
```

(AL)=_____,(BL)=_____。

(7) 执行下列指令后,

```
MOV   AX,1234H
MOV   CL,4
ROL   AX,CL
DEC   AX
MOV   CX,4
MUL   CX
HLT
```

寄存器 AH 的值是_____,寄存器 AL 的值是_____;寄存器 DX 的值是_____。

(8) 已知(AX)=0FFFFH,(DX)=0001H

```
      MOV CX,2
LOP:  SHL AX,1
      RCL DX,1
      LOOP LOP
```

程序段执行后,(DX)=_____,(AX)=_____。

(9) 填写执行下列程序段后的结果。

```
MOV   DX,8F70H
MOV   AX,54EAH
OR    AX,DX
AND   AX,DX
NOT   AX
XOR   AX,DX
TEST  AX,DX
```

$(AX)=$＿＿＿＿＿＿$,(DX)=$＿＿＿＿＿＿$,SF=$＿＿＿＿＿＿

$OF=$＿＿＿＿＿＿$,CF=$＿＿＿＿＿＿$,PF=$＿＿＿＿＿＿$,ZF=$＿＿＿＿＿＿

(10) 执行下列程序段后,AX 的内容为＿＿＿＿＿＿。

```
DAT1   DW 12H,23H,34H,46H,57H
DAT2   DW 03H
   ⋮
LEA    BX,DAT1
ADD    BX,DAT2
MOV    DX,[BX]
MOV    AX,4[BX]
SUB    AX,DX
```

3. 设$(DS)=2000H,(SS)=1500H,(ES)=3000H,(SI)=00B0H,(BX)=1000H,(BP)=0020H$,指出下列指令的源操作数的寻址方式。若该操作数为存储器操作数,请计算其物理地址。

(1) MOV   AX,DS:[0100H]

(2) MOV   BX,0100H

(3) MOV   AX,ES:[SI]

(4) MOV   CL,[BP]

(5) MOV   AX,[BX][SI]

(6) MOV   CX,BX

(7) MOV   AL,3[BX][SI]

(8) MOV   AL,[BX+20]

4. 段地址和偏移地址为 3017H:000AH 的存储单元的物理地址是什么? 如果该存储单元位于当前数据段,写出将该单元内容放入 AL 中的指令。

5. 判别下列指令的对错,如有错误,请指出其错误所在。

(1) MOV   AX,BL

(2) MOV   AL,[SI]

(3) MOV   AX,[SI]

(4) PUSH   CL

(5) MOV   DS,3000H

(6) SUB   3[SI][DI],BX

(7) DIV   10

(8) MOV   AL,ABH

(9) MOV   BX,OFFSET [SI]

(10) POP   CS

(11) MOV   AX,[CX]

(12) MOV   [SI],ES:[DI+8]

(13) IN   255H,AL

(14) ROL   DX,4

(15) MOV   BYTE PTR [DI],1000

(16) OUT   BX,AL

(17) MOV   SP,SS：DATA_WORD[BX][SI]

(18) LEA   DS,35[DI]

(19) MOV   ES,DS

(20) PUSH F

6. 设(DS)＝1000H,(AX)＝050AH,(BX)＝2A80H,(CX)＝3142H,(SI)＝0050H,(10050H)＝3BH,(10051H)＝86H,(11200H)＝7AH,(11201H)＝64H,(12AD0H)＝0A3H,(12AD1H)＝0B5H。指出下列指令分别执行后,AX 中的内容。

(1) MOV   AX,1200H

(2) MOV   AX,DS：[1200H]

(3) MOV   AX,[SI]

(4) OR   AX,[BX][SI]

(5) MOV   AX,50H[BX]

7. 设某用户程序(SS)＝0925H,(SP)＝30H,(AX)＝1234H,(DS)＝5678H,如有两条进栈指令：

```
PUSH AX
PUSH DS
```

试列出这两条指令执行后,堆栈中各单元的变化情况,并给出堆栈指针 SP 的值。

8. 设(AL)＝2FH,(BL)＝97H,试写出下列指令分别执行后 CF、SF、ZF、OF、AF 和PF 中的内容。

(1) ADD   AL,BL

(2) SUB   AL,BL

(3) AND   AL,BL

(4) OR   AL,BL

(5) XOR   AL,BL

9. 执行下列程序段后,AX 和 CF 中的值分别是多少?

```
STC
MOV    CX,0403H
MOV    AX,0A433H
SHR    AX,CL
XCHG   CH,CL
SAL    AX,CL
```

10. 设(AX)＝0119H,试分析执行下列程序段后,AX 和 CF 中的内容分别是多少?

```
MOV    CH,AH
ADD    AL,AH
DAA
XCHG   AL,AH
ADC    AL,34H
DAA
XCHG   AH,AL
HLT
```

11. 分析下面的程序段执行后,AX 和 IP 中的内容分别为多少?

```
MOV    BX,16
MOV    AX,0FFFFH
MUL    BX
JMP    DX
```

12. 下列程序段运行后,HCOD 和 HCOD+1 两字节单元的内容是什么?

```
HEX    DB '0123456789ABCDEF'
HCOD   DB ?,?
   ⋮
MOV    BX,OFFSET HEX
MOV    AL,1AH
MOV    AH,AL
AND    AL,0FH
XLAT
MOV    HCOD[1],AL
MOV    CL,12
SHR    AX,CL
XLAT
MOV    HCOD,AL
```

13. 下列程序运行后,Z 单元的内容是多少? 简要说明程序的功能。(设 X、Y 单元的内容分别为 90H、0B0H。)

```
MOV    AX,0
MOV    AL,X
ADD    AL,Y
ADC    AH,0
MOV    BL,2
DIV    BL
MOV    Z,AL
```

14. 试分析下列程序段执行后,CL 中内容是什么? CF 是 1 还是 0?

```
MOV    AL,1
MOV    BL,AL
MOV    CL,AL
NEG    AL
ADC    CL,BL
```

15. 下列程序运行到 NEXT 时,CX 和 ZF 中的内容分别是多少?

```
STR1    DB 'COMPUTERNDPASCAL'
SCA     DB 'N'
   ⋮
LEA     DI,STR1
MOV     AL,SCA
MOV     CX,10H
CLD
REPNE   SCASB
NEXT:……
```

16. 已知 DS 和 ES 指向同一个段,且当前数据段从 0000H 到 00FFH 单元的内容分别为 01H,02H,03H,…,0FFH,00H。请问下列程序段执行后,0000~0009H 单元的内容是些什么值?

```
MOV   SI,0000H
MOV   DI,0001H
MOV   CX,0080H
CLD
REP   MOVSB
```

17. 执行下列程序段后,SP 及 CF 中的值分别是多少?

```
MOV   SP,6000H
PUSHF
POP   AX
OR    AL,01H
PUSH  AX
POPF
```

18. 填入适当指令,使程序段能实现将 AL 中低位十六进制数转换为 ASCII 码。

```
AND   AL,0FH
ADD   AL,30H
CMP   AL,3AH
JL    LP2
      _____
LP2:  ⋮
```

第4章 汇编语言程序设计

4.1 例 题

1. 设有一数据段 DSEG,其中连续定义下列 5 个变量或常量,用段定义语句和数据定义语句写出数据段。

(1) DATA1 为一字符串变量:'WELCOME TO MASM!'。

(2) DATA2 为十进制字节变量:32,90,-20。

(3) DATA3 为连续 10 个 00H 的字节变量。

(4) DATA4 为双字变量,其初始值为 12345678H。

(5) COUNT 为一符号常量,其值为以上四变量所用字节数。

解:定义数据段如下:

```
DSEG    SEGMENT
DATA1   DB 'WELCOME TO MASM!'
DATA2   DB 32,90, - 20
DATA3   DB 10 DUP (00H)
DATA4   DD 12345678H
COUNT   EQU $ - DATA1
DSEG    ENDS
```

其中 $-DATA1 中 $ 表示当前汇编地址计数器值,用其减去 DATA1 的偏移地址可得该数据段所用字节数。

2. 设有以下数据段定义:

```
DSEG    SEGMENT
X1      EQU 30H
X2      EQU 70H
X3      EQU 0F7H
DSEG ENDS
```

下列指令分别执行后,AL 中的内容是多少?

(1) MOV   AL,X1+X2

(2) MOV   AL,X2   MOD X1

(3) MOV   AL,X1   EQ   X3

(4) MOV   AL,X1   AND   X3

(5) MOV   AL,X1   OR   X3

(6) MOV　AL,X2　GT　X1

解：(1) (AL) = 30H+70H = 0A0H

(2) (AL) = 70H MOD 30H = 10H

(3) X1 EQ X3 = 30H EQ 0F7H 为关系运算表达式,其值为假,故(AL)=00H

(4) (AL) = X1 AND X3 = 30H AND 0F7H = 30H

(5) (AL) = X1 OR X3 = 30H OR 0F7H = 0F7H

(6) X2 GT X1 = 70H GT 30H 为关系运算表达式,其值为真,故(AL)=0FFH

3. 分析下列程序段,回答所提问题。

```
     DA1  DW  1F28H
     DA2  DB  ?
     ⋮
     XOR  BL,BL
     MOV  AX,DA1
LOP: AND  AX,AX
     JZ   EXIT
     SHL  AX,1
     JNC  LOP
     INC  BL
     JMP  LOP
EXIT: MOV DA2,BL
```

试问：(1) 程序段执行后,DA2 字节单元的内容是什么?

(2) 在程序段功能不变的情况下,是否可用 SHR 指令代替 SHL 指令?

解：

```
     XOR  BL,BL        ; (BL) = 0
     MOV  AX,DA1       ; (AX) = 1F28H
LOP: AND  AX,AX        ; 使标志位根据 AX 中内容而变化
     JZ   EXIT         ; 若(AX) = 0,则转 EXIT
     SHL  AX,1         ; 逻辑左移 1 位,移出位进入 CF
     JNC  LOP
     INC  BL           ; 如 CF = 1,则 BL 加 1
     JMP  LOP
EXIT: MOV  DA2,BL
```

(1) 按照上面的分析,该程序段被用来统计 DA1 中内容含二进制"1"的个数,并把该值存放到 DA2 字节单元中,也即(DA2)=7。

(2) 无论逻辑左移还是逻辑右移指令,均能将 DA1 中的二进制数一位一位地移到 CF 中,其程序段功能不变,故可用 SHR 指令代替 SHL 指令。

4. 分析下列程序段,回答所提问题。

```
DA1  DB  87H
DA2  DB  ?
⋮
MOV  AL,DA1
MOV  CL,4
SHR  AL,CL
```

```
        MOV    DL,10
        MUL    DL
        MOV    BL,DA1
        AND    BL,0FH
        ADD    AL,BL
        MOV    DA2,AL
```

试问：(1) 程序段执行后,DA2 字节单元内容是什么?

(2) 在程序段功能不变的情况下,是否可用 SAR 指令代替 SHR 指令?

解：

```
        MOV    AL,DA1        ; (AL) = 87H
        MOV    CL,4          ;
        SHR    AL,CL         ; 取 AL 的高四位,(AL) = 08H
        MOV    DL,10
        MUL    DL            ; 高四位的数字乘以 10
        MOV    BL,DA1
        AND    BL,0FH        ; 取 DA1 的低四位
        ADD    AL,BL
        MOV    DA2,AL        ; 相加得到(DA2) = 57H
```

分析：将 DA1 的高四位乘以 10,再加上低四位,实际上完成了将 DA1 中的 BCD 码转换为二进制的运算。

由以上分析可得：(DA2)=57H。

在程序段功能不变的情况下,不能用 SAR 指令代替 SHR 指令,因为 SAR 不能将 AL 的高四位从其中分离出来。

5.

```
          ⋮
DA_B  DB   0CH,9,8,0FH,0EH,0AH,2,3,7,4
          ⋮
        XOR    AX,AX
        XOR    CL,CL
        XOR    BX,BX
LOP:    TEST   DA_B[BX],01H
        JE     NEXT
        ADD    AL,DA_B[BX]
        INC    AH
NEXT:   INC    BX
        INC    CL
        CMP    CL,10
        JNE    LOP
```

试问：(1) 上述程序段执行后,AH、AL 寄存器中的内容是什么?

(2) 若将 JE NEXT 指令改为 JNE NEXT,那么 AH、AL 寄存器中的内容又是什么?

解：

```
        XOR    AX,AX              ; (AX) = 0
```

```
            XOR    CL,CL             ;(CL) = 0
            XOR    BX,BX             ;(BX) = 0
    LOP: TEST     DA_B[BX],01H
            JE     NEXT              ;若 DA_B[BX]中二进制数的最低位为 0,转 NEXT
            ADD    AL,DA_B[BX]       ;否则累加该数到 AL
            INC    AH                ;统计奇数个数到 AH
    NEXT: INC     BX                ;修改指针,指向下一个二进制数
            INC    CL
            CMP    CL,10
            JNE    LOP               ;对 10 个数完成以上操作后,停止
```

分析可知,该程序实际上是对 10 个数中的奇数求和。所以,(AH)=4;(AL)=34。

若将 JE NEXT 指令改为 JNE NEXT,则程序功能变为统计偶数的个数,并累加它们的值,故(AH)=6;(AL)=50。

6. 编写完整的汇编源程序,统计下面定义的数据缓冲区 BUF 中非数字字符的个数,放入 COUNT 单元。设该数据缓冲区最后一个字符为'$',数字字符指'0'～'9'。

```
DSEG    SEGMENT
BUF     DB 'd334as432bbGGGn34kkkk$'
COUNT   DW 0
DSEG    ENDS
```

解: 分析:(1)因程序必须反复地从 BUF 中取出字符并判断,故采用循环程序结构。

(2)BUF 缓冲区的最后一个字符为'$',故采用条件判断法来控制循环结束。

(3)非数字字符是指 ASCII 码小于 30H 或大于 39H 的字符。

程序设计如下:

```
    DSEG    SEGMENT
    BUFDB '4334as432bbGGGn34kkkk$'
    SUM     DW 0
    DSEG    ENDS
    SSEG    SEGMENT STACK
    STK     DB 100 DUP (?)
    SSEG    ENDS
    CSEG    SEGMENT
            ASSUME  DS: DSEG,SS: SSEG,CS: CSEG
START:   MOV AX,DSEG
            MOV DS,AX
            MOV SI,OFFSET BUF
            MOV DX,0
    LP0:   MOV AL,[SI]
            CMP AL,'$'
            JE EXIT
            CMP AL,'0'
            JNC LP1
            INC DX
            JMP LP2
    LP1:   CMP AL,3AH
            JC LP2
```

```
        INC DX
LP2:    INC SI
        JC LP2
EXIT:   MOV COUNT, DX
        MOV AH, 4CH
        INT 21H
CSEG    ENDS
        END START
```

4.2 习   题

1. 选择题

(1) 在计算机内部,计算机能够直接执行的程序语言是(   )。

A. 汇编语言   B. 高级语言   C. 机器语言   D. C 语言

(2) 执行下面的程序段后,BX 的内容是(   )。

```
NUM = 100
MOV  BX, NUM  NE 50
```

A. 50   B. 0   C. 0FFFFH   D. 1

(3) 数据定义 BUF DW 1,2,3,4

执行指令 MOV CL,SIZE BUF 后,CL 寄存器的内容是(   )。

A. 1   B. 0   C. 0FFFFH   D. 2

(4) 设数据段定义如下:

```
DATA    SEGMENT
NA      EQU    15
NB      EQU    10
NC      DB     2 DUP (4, 2 DUP (5, 2))
CNT     DB     $ - NC
CWT     DW     $ - CNT
ND      DW     NC
DATA    ENDS
```

① 从 DS:0000 开始至 CNT 单元之前存放的数据依次是(   )。

A. 15、10、4、5、2、5、2、4、5、2、5、2   B. 15、10、4、2、5、2、4、2、5、2

C. 0FH、0AH、4、5、2、5、2   D. 4、5、2、5、2、4、5、2、5、2

② ND 单元中的值是(   )。

A. 0000H   B. 0200H   C. 0003H   D. 0002H

③ CWT 单元中的值是(   )。

A. 2   B. 1   C. 11   D. 12

(5) 已知 VAR DW 1,2,$ +2,5,6,若汇编 VAR 分配的偏移地址是 0010H,则汇编
0014H 单元的内容是(   )。

A. 05H   B. 06H   C. 16H   D. 14H

（6）使用 8086/8088 汇编语言的伪操作命令定义：

```
VAR  DB  2 DUP (1,2,3 DUP (3),2 DUP (1,0))
```

则 VAL 存储区中前十个字节单元的数据是（　　）。

A. 1、2、3、3、2、1、0、1、2、3　　　　　B. 1、2、3、3、3、3、2、1、0、1

C. 2、1、2、3、3、2、1、0、2、1　　　　　D. 1、2、3、3、3、1、0、1、0、1

2. 填空题

（1）在宏汇编中，源程序必须通过_____生成目标代码，然后由连接程序将其转化为可执行文件，该文件才能在系统中运行。

（2）_____被用来表示指令在程序中位置的符号地址。

（3）用来把汇编语言源程序自动翻译成目标程序的软件叫_____。

（4）指令 MOV AX,SEG BUF 执行后,将_____送到 AX 中。

（5）若定义 DATA DW 200AH,执行 MOV BL,BYTE PTR DATA 指令后,(BL)=_____。

（6）指令中用于说明操作数所在地址的方法,称为_____。

（7）试分析下列程序段执行后,(AX)=_____,(BX)=_____。

```
XOR   AX,AX
DEC   AX
MOV   BX,6378H
XCHG  AX,BX
NEG   BX
```

（8）下述程序段执行完后,(AL)=_____。

```
MOV   AL,10
ADD   AL,AL
SHL   AL,1
MOV   BL,AL
SHL   AL,1
ADD   AL,BL
```

3. 执行下列指令段后,AX 和 CX 的内容分别是多少?

```
BUF   DB 1,2,3,4,5,6,7,8,9,10
MOV   CX,10
MOV   SI,OFFSET BUF + 9
LEA   DI,BUF + 10
STD
REP   MOVSB
MOV   BX,OFFSET BUF
MOV   AX,[BX]
```

4. 如果用调试程序 DEBUG 的 R 命令在终端上显示当前各寄存器的内容如下,那么当前堆栈段段基址是多少? 栈顶的物理地址是多少?

```
C > DEBUG
 − R
AX = 0000  BX = 0000  CX = 0079  DX = 0000  SP = FFEE  BP = 0000  SI = 0000
DI = 0000  DS = 10E4  ES = 10F4  SS = 21F0  CS = 31FF  IP = 0100  NV UP  DI PL  NZ NA  PO NC
```

5. 试分析下列程序段执行后，AX 寄存器的内容是什么。

```
   ⋮
TABLE  DW 10H,20H,30H,40H,50H,60H,70H,80H
ENTRY  DW 6
   ⋮
MOV    BX,OFFSET TABLE
ADD    BX,ENTRY
MOV    AX,[BX]
```

6. 试分析下列程序段执行后，AX 和 DX 寄存器的内容分别是什么。

```
   ⋮
VAR1   DB 86H
VAR2   DW 2005H,0021H,849AH,4000H
   ⋮
MOV    AL,VAR1
CBW
LEA    BX,VAR2
MOV    DX,2[BX]
SUB    AX,DX
```

7. 试分析下列程序段，回答所提问题。

```
ORG   3000H
DB    11H,12H,13H,14H,15H
   ⋮
MOV   BX,3000H
STC
ADC   BX,1
SAL   BL,1
INC   BYTE PTR[BX]
```

(1) 程序段执行后，3004H 单元中的内容是什么？

(2) 程序段执行后，BX 中的内容是什么？ CF 的值是 1 还是 0？

8. 对于下面的数据定义，各条 MOV 指令单独执行后，请填充有关寄存器的内容：

```
TABLE1  DB   01H,02H
TABLE2  DW   10 DUP(0)
TABLE3  DB   'WELCOME'
MOV   AX,TYPE   TABLE1 ;     (AX) = _____
MOV   BX,LENGTH   TABLE1 ;   (BX) = _____
MOV   CX,LENGTH   TABLE2 ;   (CX) = _____
MOV   DX,SIZE   TABLE2 ;     (DX) = _____
MOV   SI,LENGTH   TABLE3 ;   (SI) = _____
```

9. 执行以下程序后，AX、BX、CX、DX 中的值分别是多少？

```
CODE SEGMENT
     ASSUME  CS: CODE
BEGIN: MOV  AX,01H
     MOV   BX,02H
```

```
        MOV    DX,03H
        MOV    CX,04H
L20: INC  AX
        ADD    BX,AX
        SHR    DX,1
        LOOPNE  L20
CODE ENDS
        END    BEGIN
```

10. 现有如下将两位压缩 BCD 码转换为两个 ASCII 字符的程序段,将合适的指令填入空白处,形成正确的程序段。

```
BCDBUF    DB 46H
ASCBUF    DB ?,?
……
MOV      AL,_____
MOV      BL,AL
MOV      CL,4
___      BL,CL
ADD      BL,_____
MOV      ASCBUF,BL
_____
_____
MOV      ASCBUF + 1,AL
```

11. 在数据段中,WEEK 是星期一~星期日的英语缩写,DAY 单元中存有一数,范围在 1~7 之间(1 表示星期一,7 表示星期日)。

```
WEEK DB 'MON','TUE','WED','THU','FRI','SAT','SUN'
DAY  DB X; 数字 1~7
```

编写程序,使其能根据 DAY 的内容用单个字符显示功能调用(2 号功能)去显示对应的英文缩写。

12. 设在 DAT 单元存放一个 -9~$+9$ 的字节数据,在 SQRTAB 数据区中存放 0~9 的平方值,下列程序段利用直接查表法在 SQRTAB 中查找出 DAT 单元中数据对应的平方值送入 SQR 单元。请填充空白处,完善程序功能。

```
DSEG      SEGMENT
DAT       DB XXH ; XXH 表示在 -9~+9 之间的任意字节数据
SQRTAB    DB   0,1,4,9,16,25,36,49,64,81
SQR       DB   ?
DSEG      ENDS
SSEG      SEGMENT   STACK
STK       DB   100 DUP (?)
SSEG      ENDS
CSEG      SEGMENT
          ASSUME   CS: CSEG,DS: DESG,SS: SSEG
START:    MOV  AX,DSEG
          MOV  DS,AX
          MOV  AL,DAT
```

```
              AND   AL,_____

              JNS   NEXT

                    _____

   NEXT:       MOV   BX,OFFSET SQRTAB

                    _____

              MOV   SQR,AL

              MOV   AH,4CH

              INT   21H

   DESG       ENDS

              END   START
```

13. 设内存中有 3 个互不相等的无符号字数据,分别存放在 DATA 开始的字单元中,编程将其中最小值存入 MIN 单元。

14. 设计将数字字符 ASCII 码串转换成 BCD 码串的子程序,要求转换后的 BCD 码顺序和 ASCII 码顺序相反。

15. 编写程序在字节字符串 PROG 中寻找'AM'的出现次数,统计结果存入字变量 NUM 中,设该串以 Ctrl+Z(1AH)结束。

16. 下述程序段执行后,AH 和 AL 寄存器中内容是多少?

```
       DA_C  DB 10 DUP (3,5,7,9)
       LEA   BX,DA_C
       MOV   CX,10
       XOR   AX,AX
   LP: ADD   AL,[BX]
       CMP   AL,10
       JB    NEXT
       INC   AH
       SUB   AL,10
   NEXT: INC  BX
       LOOP  LP
```

17. 阅读下列程序,回答问题。

```
DSEG       SEGMENT
NUM1       DB   300 DUP (?)
NUM2       DB   100 DUP (?)
DSEG       ENDS
CSEG       SEGMENT
           ASSUME  CS: CSEG,DS: DSEG
MAIN       PROC   FAR
START:     PUSH  DS
           MOV   AX,0
           PUSH  AX
           MOV   AX,DSEG
           MOV   DS,AX
           MOV   CX,100
           MOV   BX,CX
           ADD   BX,BX
           XOR   SI,SI
           AND   DI,0000H
```

```
LP1:    MOV  AL,NUM1[BX][SI]
        MOV  NUM2[SI],AL
        INC  SI
        LOOP LP1
QQQ:    RET
MAIN    ENDP
CSEG    ENDS
        END  START
```

(1) 该程序完成_____。

(2) 程序执行到 QQQ 处,(SI) = _____ ,(DI) = _____ ,(CX) = _____。

18. 阅读下列程序

```
DATA    SEGMENT
TABLE   DB   60H,40H,50H,80H,30H
COUNT   DW   $ - TABLE
DATA    ENDS
CODE    SEGMENT
        ASSUME  CS: CODE,DS: DATA
MAIN    PROC FAR
START:  PUSH DS
        MOV  AX,0
        PUSH AX
        MOV  AX,DATA
        MOV  DS,AX
        MOV  CX,COUNT
        MOV  DX,CX
        DEC  DX
        LEA  BX,TABLE
LOP0:   MOV  SI,00H
        MOV  CX,DX
LOP1:   MOV  AL,[BX + SI]
        CMP  AL,[BX + SI + 1]
        JBE  NEXT
        XCHG AL,[BX + SI + 1]
        MOV  [BX + SI],AL
NEXT:   INC  SI
        LOOP LOP1
        DEC  DX
        JNZ  LOP0
        RET
MAIN    ENDP
CODE    ENDS
        END  MAIN
```

回答以下问题:

(1) 该程序的功能是_____。

(2) 程序运行结束时,TABLE+3 单元的内容是_____。

(3) 若将 JBE NEXT 改为 JAE NEXT,则对程序的影响是_____。

第5章　存 储 器

5.1 例　题

1. 设有一个具有 14 位地址和 8 位字长的存储器,试计算:

(1) 该存储器能存储多少字节的信息?

(2) 如果存储器由 2K×4 位的 RAM 芯片组成,需多少 RAM 芯片? 需多少位地址进行芯片选择?

解:(1) 存储器有 14 位地址和 8 位字长,其存储单元的个数为 $2^{14}=16K$,存储器的容量为 16K×8 位。所以,该存储器能存储的信息总量为 16KB。

(2) 所需的 RAM 芯片的数目=16K×8/(2K×4)=16(片)。

用 2K×4 位的 RAM 芯片扩展成 16K×8 位存储器,需进行字位同时扩展。因为每 2 片的 2K×4 位进行位扩展才能构成 2K×8 位。因此,进行字扩展的就有 16/2=8(组),而字扩展要求为每组分配不同的片选信号,即要求有 8 个不同的片选信号,所以,需 3 位 ($2^3=8$)地址进行芯片选择。一般片选信号是由高位地址线译码产生的。

2. 某微机有 8 条数据线、16 条地址线,现由 SRAM 2114(容量为 1K×4 位)存储芯片组成存储系统。问采用线译码方式时,系统的最大存储容量是多少? 此时需要多少个 2114 存储芯片?

解:因为 2114 的容量为 1K×4 位,地址线要 10 条,所以剩余 6 条地址线进行线译码,提供 6 个片选信号。这时系统的最大存储容量为 6×1K×8 位=6K×8 位。

这时需要 2114 的个数为 6K×8/(1K×4)=12 片。

3. 某 8088 存储器系统中,用 2 片 EPROM27128(16K×8)和 2 片 RAM6264(8K×8)以及 1 片 74LS138 译码器、2 个 2 输入与门、1 个非门来组成存储器系统,各芯片的主要信号如图 1.5.1 所示,要求起始地址为 00000H,画出存储器系统连接图,并写出每个存储器芯片的地址范围。

解:6264 的容量为 8K×8b,$2^{13}=8K$,故有 13 条地址线。CPU 的 20 条地址线中,低 13 位 $A_{12}\sim A_0$ 直接和存储器芯片的地址线相连,用于芯片内的地址译码,而高 7 位 $A_{19}\sim A_{13}$ 经地址译码器译码后输出作为存储器芯片的片选信号。27128 芯片的容量为 16K×8b,$2^{14}=16K$,故有 14 条地址线。CPU 的 20 条地址线中,低 14 位 $A_{13}\sim A_0$ 为存储器芯片的片内

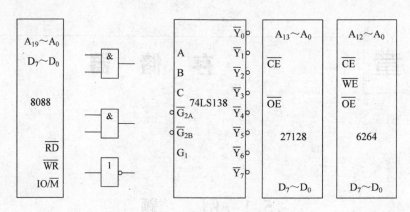

图 1.5.1　各芯片的主要信号图

地址，而高 6 位 $A_{19} \sim A_{14}$ 为片外地址。选择前者高位地址 7 位 $A_{19} \sim A_{13}$ 的部分地址 $A_{17} \sim A_{13}$ 用 74LS138 进行译码，A_{17}、A_{16}、A_{15}、A_{14}、A_{13} 分别连接在 74LS138 的 $\overline{G}_{2B}$、$\overline{G}_{2A}$、C、B、A 上，8088 的 IO/$\overline{M}$ 连接到 74LS138 的 G_1。$\overline{Y}_0$、$\overline{Y}_1$ 分别作为 6264 的片选($\overline{CE}$)可满足起始地址为 00000H。用上述连线的 74LS138 作为 27128(16K×8b)的片选，需要保证 $A_{13} = 0$ 或 $A_{13} = 1$ 方可使 27128 的片内地址 $A_{13} \sim A_0$ 从全 0 变到全 1，$\overline{Y}_2$、$\overline{Y}_3$ 接 2 输入与门的输入，与门的输出作为 27128 的片选($\overline{CE}$)可实现上述逻辑。同理，$\overline{Y}_4$、$\overline{Y}_5$ 接另一个 2 输入与门的输入。存储器系统连接图如图 1.5.2 所示。图 1.5.2 中 1#、2#芯片是 6264，3#、4#芯片是 27128。

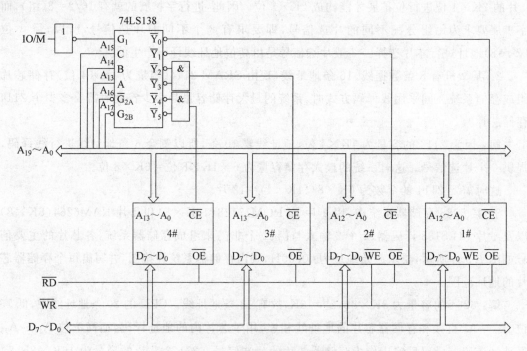

图 1.5.2　存储器系统连接图

表 1.5.1 和表 1.5.2 分别给出了 2 片 6264 和 2 片 27128 的地址范围。

表 1.5.1　例 3 RAM6264 芯片的地址范围

芯片号(片选)	高位地址线							低位地址线	地址范围
	A_{19}	A_{18}	$\dfrac{A_{17}}{G_{2B}}$	$\dfrac{A_{16}}{G_{2A}}$	A_{15} C	A_{14} B	A_{13} A	$A_{12} \sim A_0$	
1#($\overline{Y}_0$)	×	×	0	0	0	0	0	0000000000000 ∼ 1111111111111	00000H ∼ 01FFFH
2#($\overline{Y}_1$)	×	×	0	0	0	0	1	0000000000000 ∼ 1111111111111	02000H ∼ 03FFFH

表 1.5.2　例 3 EPROM27128 芯片的地址范围

芯片号(片选)	高位地址线							低位地址线	地址范围
	A_{19}	A_{18}	$\dfrac{A_{17}}{G_{2B}}$	$\dfrac{A_{16}}{G_{2A}}$	A_{15} C	A_{14} B	A_{13} A	$A_{12} \sim A_0$	
3#($\overline{Y}_2$ 或 $\overline{Y}_3$)	×	×	0	0	0 0	1 1	0 1	0000000000000 ∼ 1111111111111	04000H ∼ 07FFFH
4#($\overline{Y}_4$ 或 $\overline{Y}_5$)	×	×	0	0	1 1	0 0	0 1	0000000000000 ∼ 1111111111111	08000H ∼ 0BFFFH

5.2　习　　题

1. 选择题

(1) 内存又称主存,相对于外存来说,它的特点是(　　)。

A. 存储容量大,价格高,存取速度快

B. 存储容量小,价格低,存取速度慢

C. 存储容量大,价格低,存取速度快

D. 存储容量小,价格高,存取速度快

(2) 集成度最高的存储线路是(　　)。

A. 六管静态线路　　B. 六管动态线路　　C. 四管动态线路　　D. 单管动态线路

(3) EPROM 不同于 ROM,是因为(　　)。

A. EPROM 只能改写一次　　　　　　　B. EPROM 只能读不能写

C. EPROM 可以多次改写　　　　　　　D. EPROM 断电后信息丢失

(4) 在下列多组存储器中,断电或关机后信息仍保留的是(　　)。

A. RAM、ROM　　　　　　　　　　　B. ROM、EPROM

C. SRAM、DRAM   D. PROM、RAM

(5) 在下列几种存储芯片中,存取速度最快和相同容量的价格最便宜的分别是( )。

A. DRAM、SRAM   B. SRAM、DRAM

C. DRAM、ROM   D. SRAM、EPROM

(6) 对于 8086CPU,用来选择低 8 位数据的引脚信号是( )。

A. AD_0 B. AD_{15} C. AD_7 D. AD_8

(7) 8086 的存储系统采用"字节编址结构",现有一个存储字地址为 45678H,则该地址所在的存储体称为( )。

  A. 偶存储体,其数据线接在低 8 位的 $D_7 \sim D_0$ 上

  B. 奇存储体,其数据线接在低 8 位的 $D_7 \sim D_0$ 上

  C. 偶存储体,其数据线接在高 8 位的 $D_{15} \sim D_8$ 上

  D. 奇存储体,其数据线接在高 8 位的 $D_{15} \sim D_8$ 上

(8) 若由 $1K \times 1$ 位的 RAM 芯片组成一个容量为 8K 字(16 位)的存储器时,需要该芯片数为( )。

A. 128 片   B. 256 片   C. 64 片   D. 32 片

(9) 在 8086 中,用一个总线周期访问一个字数据时,必须是( )。

A. $\overline{BHE}=0, A_0=0$ B. $\overline{BHE}=0, A_0=1$

C. $\overline{BHE}=1, A_0=0$ D. $\overline{BHE}=1, A_0=1$

(10) 8086 组成的 64KB 的存储空间,选用 EPROM 的最佳方案是采用芯片为( )。

A. 1 片 $64K \times 8$ 位   B. 2 片 $32K \times 8$ 位

C. 4 片 $16K \times 8$ 位   D. 8 片 $8K \times 8$ 位

(11) 如果存储体有 1024 个存储字,采用双译码(行列译码)方式,则所需的地址译码输出线的最少数目是( )。

A. 16   B. 32   C. 64   D. 1024

(12) 若 CPU 访问由 $256K \times 1$ 位的 DRAM 芯片组成 $512K \times 8$ 位的存储系统,则 CPU 需使用的地址引脚数、DRAM 的地址引脚数和所需的片选信号数依次为( )。

A. 19,18,2   B. 18,9,8

C. 19,18,8   D. 19,9,2

(13) 若用 8086CPU 和其他芯片组成微机系统,要求内存容量中的 EPROM 为 8KB,SRAM 为 16KB,关于所采用的 EPROM 和 SRAM 的芯片类型及数量,在以下方案中最佳的是( )。

A. 2 片 2732 和 2 片 6264   B. 2 片 2732 和 8 片 6116

C. 1 片 2764 和 2 片 6264   D. 1 片 2764 和 8 片 6116

2. 填空题

(1) 按存储介质,存储器可分为_____存储器、_____存储器和光盘存储器。

(2) 只读存储器 ROM 一般可分为掩膜 ROM、PROM、_____和_____四种。

(3) 存储器是计算机中的记忆设备,主要用来存放_____和_____。

(4) 计算机的内存一般是由_____存储器和_____存储器构成的。

(5) 用 32 片 4K×4 位的存储芯片构成字长为 8 位的存储系统的容量为_____,共需地址线_____根,每个存储芯片的最少引出脚是_____根。

(6) 8086CPU 既可采用字访问方式,也可采用字节访问方式。存储器是由控制信号_____和 A_0 来决定的。

(7) 计算机存储器的容量一般是以 KB 为单位的,其中 1 KB 等于_____字节。

(8) 存储记忆单元是构成存储器的最基本单元,用来存储_____位二进制信息。

(9) 动态存储器中的信息可以随机读写,但需不断_____,使其保持所存的信息。

3. 半导体随机存取存储器的种类有哪些? 各有什么特点?

4. 简述半导体只读存储器的种类和特点。

5. 存储器与 CPU 连接时应考虑哪些问题?

6. 叙述高位地址线译码方法的种类和特点。

7. 叙述 8088CPU 和 8086CPU 对存储器进行字访问的异同。

8. 设有一个具有 15 位地址和 16 位字长的存储器,试计算:

(1) 该存储器能存储多少字节信息?

(2) 如果存储器由 2K×4 位的 RAM 芯片组成,则需多少 RAM 芯片? 需多少位地址进行芯片选择?

9. 某微机系统中,CPU 和 EPROM 的连接如图 1.5.3 所示,求此存储芯片的存储容量及地址空间范围。

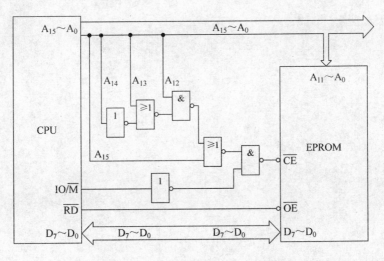

图 1.5.3 CPU 和 EPROM 的连接图

10. 已知某 8088 存储器系统,试使用 6116、2732 和 74LS138 译码器构成一个存储容量为 12KB ROM(00000H~02FFFH)、8KB RAM(03000H~04FFFH)的存储系统。

11. 微机存储器系统由 3 片 RAM 芯片组成,如图 1.5.4 所示,其中 U_1 有 12 条地址线、8 条数据线,U_2、U_3 各有 10 条地址线、8 条数据线,试计算芯片 U_1、U_2 和 U_3 的地址范围以及该存储器的总容量。

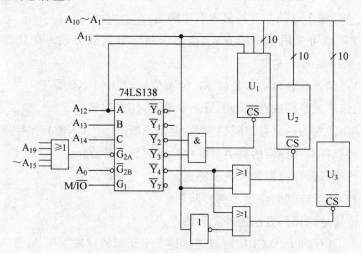

图 1.5.4　微机存储器系统图

第6章 输入输出与中断

6.1 例 题

1. 简述查询式数据传送的工作过程。

解：查询式数据传送又称为"条件传送方式"。采用查询式方式传送数据之前，CPU 必须对外设的状态进行检测。其步骤如下：

（1）执行一条输入指令，读取所选外设的当前状态。

（2）如果外设"忙"或"未准备就绪"，则返回继续检测外设的状态。

（3）如果外设状态为"空"或"准备就绪"，则发出一条输入、输出指令，进行一次数据传送。

2. 简述 8086CPU 响应 INTR 的中断过程。

解：当 CPU 在 INTR 引脚上收到一个高电平中断请求信号并且中断允许标志 IF 为 1 时，会在当前指令执行完毕后开始响应中断请求。其具体过程如下：

（1）执行中断响应总线周期。它包含两个连续的中断响应总线周期，在此期间，CPU 首先从 $\overline{\text{INTA}}$ 引脚发出两个负脉冲，当外设接收到第二个负脉冲时，把中断类型码从数据总线上发给 CPU。

（2）将标志寄存器的内容压入堆栈。

（3）把标志寄存器的 IF 和 TF 清 0。

（4）保护断点，即把 CS 和 IP 的内容压入堆栈。

（5）根据中断类型码查找中断向量，并转入相应的中断处理程序。

（6）恢复断点和标志寄存器。依次从堆栈中弹出 IP、CS 和标志寄存器的内容。

3. 若 8086 系统采用单片 8259A，其中断类型码为 46H，试问其中断向量表的中断向量地址是多少？这个中断源应连向 IRR 的哪一个输入端？若中断服务程序的入口地址为 0AB00H：0C00H，则其向量区对应的四个单元的值依次为多少？

解：（1）若中断类型码为 n，则中断向量地址为 4n，所以，中断向量地址 = 46H × 4 = 118H。

（2）中断类型码是由初始化命令字 ICW_2 设置的。根据题意，中断类型码为 46H = 01000110B，低 3 位为 110B，故该中断源连接到 IR_6 的输入端。

（3）在中断向量表中，前两个字节为 IP 值，后两个字节为 CS 值，则其向量区对应的四个单元的值依次为 00H、0CH、00H、0ABH。

4. 已知中断向量地址 0020H～0023H 的单元中依次存放 40H、00H、00H、01H，还已知 INT 8 指令本身所在的地址为 9000H：00A0H。若(SP)=0100H，(SS)=0300H，标志

寄存器 F 的内容为 0240H,试指出在执行 INT 8 指令,刚进入它的中断服务程序时,SP、SS、IP、CS 和堆栈顶上三个字的内容。

解:(SP)=0100H−6=00FAH

(SS)=0300H

(IP)=[(8H×4+1)(8H×4)]=(0021H)(0020H)=0040H

(CS)=[(8H×4+3)(8H×4+2)]=(0023H)(0022H)=0100H

在进入中断服务程序前,保护现场压栈时,压栈的顺序为先压标志寄存器 F,再压 CS、IP,栈顶的三个字如下:

[03000H+(0100H−2)]=[030FEH]=0240H

[03000H+(0100H−4)]=[030FCH]=9000H

[03000H+(0100H−6)]=[030FAH]=00A2H

堆栈内容如表 1.6.1 所示。

表 1.6.1　堆栈表

堆栈物理地址	内　　容	堆栈物理地址	内　　容
SP→ 030FAH	0A2H	030FEH	40H
030FBH	00H	030FFH	02H
030FCH	00H	03100H	
030FDH	90H		

5. 图 1.6.1 是一个 LED 接口电路,写出使 8 个 LED 依次点亮 2 秒的控制程序(设延迟 2 秒的子程序为 Delay2s),并说明该接口属于何种输入输出传送方式？为什么？

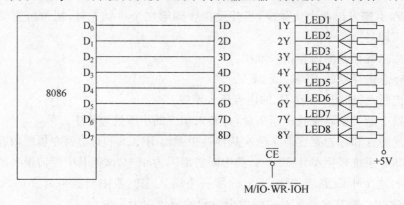

图 1.6.1　LED 接口电路

解:控制程序如下:

```
        MOV AL,7FH
LOP:    OUT 10H,AL
        CALL Delay2s
        ROR AL,1
        JMP LOP
```

该接口属于无条件传送方式。因 CPU 和 LED 之间无联络信号,LED 总是已准备好,故可以接收 CPU 的信息。

6. 在 IBM-PC/XT 微型计算机中,只有一片 8259A,可连接 8 个外部中断源,其连接方法、中断源名称、中断类型码及中断服务程序入口地址如图 1.6.2 和表 1.6.2 所示。

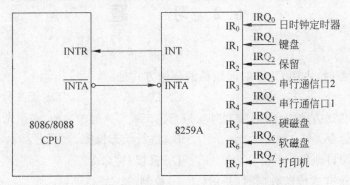

图 1.6.2　8259A 在 IBM-PC/XT 中的连接图

表 1.6.2　IBM-PC/XT 机 8 级外部中断源一览

中断引入端	中断类型码	中断源名称	BIOS 中的中断服务程序过程名 （段地址：偏移地址）
IR_0	08H	日时钟定时器	TIMER_INT(F000:FFA5H)
IR_1	09H	键盘	KB_INT(F000:E987H)
IR_2	0AH	保留	D_{11}(F000:FF23H)
IR_3	0BH	串行通信口 2	D_{11}(F000:FF23H)
IR_4	0CH	串行通信口 1	D_{11}(F000:FF23H)
IR_5	0DH	硬磁盘	HD_INT(C800:0760H)
IR_6	0EH	软磁盘	DISK_INT(F000:EF57H)
IR_7	0FH	打印机	D_{11}(F000:FF23H)

系统分配给 8259A 的 I/O 端口地址为 20H 和 21H,8259A 采用边沿触发方式、缓冲方式,中断结束采用 EOI 命令方式,中断优先权管理方式采用完全嵌套方式,中断服务程序的符号地址为 INTPR,试对 8259A 进行初始化编程。

解:8259A 初始化编程如下:

```
MOV  AL,13H
OUT  20H,AL
MOV  AL,08H
OUT  21H,AL
MOV  AL,09H
OUT  21H,AL
MOV  AL,20H
OUT  20H,AL
; 将中断服务程序入口地址装入中断向量表程序
MOV  AX,0
MOV  DS,AX
MOV  AX,SEG INTPR
MOV  DS,AX
MOV  DX,OFFSET INTPR
MOV  AL,0BH
```

```
MOV  AH,25H
INT  21H
```

6.2 习　　题

1. 选择题

(1) 传送数据时,占用 CPU 时间最长的传送方式是(　　)。

A. 查询　　　　　　B. 中断　　　　　　C. DMA　　　　　　D. 无条件传送

(2) 在查询传送方式中,CPU 要对外设进行读出或写入操作之前,必须先对外设(　　)。

A. 发控制命令　　　　　　　　　B. 进行状态检测

C. 发 I/O 端口地址　　　　　　　D. 发读/写命令

(3) 用 DMA 方式传送数据时,是由(　　)控制的。

A. CPU　　　　　B. 软件　　　　　C. CPU+软件　　　　D. 硬件控制器

(4) 8259A 可编程中断控制器中的中断服务寄存器 ISR 用于(　　)。

A. 记忆正在处理中的中断　　　　B. 存放从外设来的中断请求信号

C. 允许向 CPU 发中断请求　　　　D. 禁止向 CPU 发中断请求

(5) 一片中断控制器 8259A 能管理(　　)级硬件中断。

A. 10　　　　　　B. 8　　　　　　C. 64　　　　　　D. 2

(6) 两片 8259A 连接成级联缓冲方式可管理(　　)个可屏蔽中断。

A. 8　　　　　　B. 14　　　　　　C. 15　　　　　　D. 16

(7) CPU 响应两个硬件中断 INTR 和 NMI 时相同的必要条件是(　　)。

A. 允许中断　　　　　　　　　　B. 当前指令执行结束

C. 总线空闲　　　　　　　　　　D. 当前访问存储器操作结束

(8) 8086CPU 响应非屏蔽中断,其中断类型号由(　　)。

A. 中断控制器 8259 提供　　　　B. 指令码中给定

C. 外设提供　　　　　　　　　　D. CPU 自动产生

(9) 中断向量可以提供(　　)。

A. 被选中设备的起始地址　　　　B. 传送数据的起始地址

C. 中断服务程序入口地址　　　　D. 主程序的断点地址

(10) 某中断程序入口地址值填写在中断向量表的 0080H~0083H 存储单元中,则该中断对应的中断类型号一定是(　　)。

A. 1FH　　　　　　B. 20H　　　　　　C. 21H　　　　　　D. 22H

(11) 有一 8086 系统的中断向量表,在 0000H:003CH 单元开始依次存放 34H、0FEH、00H 和 0F0H 四个字节,该向量对应的中断类型码和中断服务程序的入口地址分别为(　　)。

A. 0EH、34FEH:00F0H　　　　　　B. 0EH、0F000H:0FE34H

C. 0FH、0F000H:0FE34H　　　　　D. 0FH、00F0H:34FEH

(12) 在 8086 系统中,规定中断向量表存放于内存中(　　)所在地址的内存单元。

A. 00000H~003FFH　　　　　　　B. 80000H~803FFH

C. 7F000H~7F3FFH　　　　　　　D. 0FFC00H~0FFFFFH

(13) 响应下列请求时,其中优先级最低的是(　　)。

A. NMI　　　　　B. INTR　　　　　C. 单步　　　　　D. 无法确定

(14) 采用微机控制的大屏幕 LED 显示器,其数据传送方式是(　　)。

A. 无条件传送　　B. 中断传送　　　C. 查询传送　　　D. DMA 传送

(15) INT n 指令中断是(　　)。

A. 通过软件调用的内部中断　　　　B. 可用 IF 标志位屏蔽的

C. 由外部设备请求产生的　　　　　D. 由系统断电引起的

(16) 8086/8088 中断类型号为 40H 的中断服务程序入口地址存放在中断向量表中的起始地址是(　　)。

A. DS:0040H　　B. DS:0100H　　C. 0000:0100H　　D. 0000:0040H

(17) 8086/8088 中断类型号 0～255 应允许来源于(　　)。

A. 指令、外设接口　　　　　　　　B. CPU、外设接口

C. 指令、CPU　　　　　　　　　　D. 指令、外设接口、CPU

(18) 8086/8088 的存储器可以寻址 1MB 的空间,在对 I/O 进行读写出操作时,20 位地址中只有低 16 位有效。这样,I/O 地址的寻址空间为(　　)。

A. 64KB　　　　B. 256KB　　　　C. 128KB　　　　D. 10KB

(19) 8086CPU 响应可屏蔽中断时,CPU(　　)。

A. 执行一个中断响应周期

B. 执行两个连续的中断响应周期

C. 执行两个连续的中断响应周期,中间有 3 个 T_i(空闲周期)

D. 不执行中断响应周期

(20) 在系统中,设 8259A 已被编程为 $ICW_2=08H$,当一个外设由 8259A 的 IRQ_4 输入端提出中断请求时,它的中断向量地址是(　　)。

A. 0000AH　　　B. 00020H　　　C. 00028H　　　D. 00030H

2. 填空题

(1) 微机系统中数据传送的控制方式有三种,其中程序控制方式的数据传送又分为无条件传送、_____和中断传送。

(2) CPU 通过接口与外设之间交换的信息包括数据信息、状态信息和_____,这三种信息通常都是通过 CPU 的_____总线来传输的。

(3) 中断向量是中断服务程序的入口地址,每个中断向量占_____字节。

(4) 8086 的中断系统可处理_____个不同的中断。

(5) 若在 0000:0008H 开始的 4 个字节中分别存放的是 11H,22H,33H,44H,则对应的中断类型号为 2 的中断服务程序入口地址为_____。

(6) 采用程序查询传送方式时,若要完成一次数据传送过程,首先必须执行一条指令,读取_____。

(7) 在中断服务程序中,进行中断处理之前,先_____,才允许中断嵌套,只有中断优先级_____的中断源请求中断,才能被响应。

(8) 可编程中断控制器 8259A 为程序员提供了 4 个初始化命令字和_____个操作命令字。

(9) 不可屏蔽中断的优先级比可屏蔽中断的优先级_____。

(10) 中断系统可处理多个不同的中断,每个中断对应一个_____码。CPU 根据某条指令或某个状态标志的设置而产生的中断称为_____中断。

3. 简述 I/O 端口的编址方式和特点。

4. CPU 与外设间的接口信息有哪几种?

5. CPU 与外设之间有哪几种传送方式? 各有什么特点?

6. 什么情况下采用无条件传送方式? 这种方式有什么特点?

7. 什么是中断? 简述中断的处理过程。

8. 简述 8086 系统中断的种类及特点。

9. 8086/8088 各类中断的优先级别是如何排列的?

10. 外设向 CPU 发中断请求,但 CPU 不响应,其原因可能有哪些?

11. 8086 内存的前 1K 字节建立了一个中断向量表,可以容纳多少个中断向量? 如果有软中断 INT 13H,则中断向量表地址是多少? 假如从该地址开始的四个内存单元中依次存放 59H,0ECH,00H,0F0H,则中断服务程序入口地址是多少? 是怎样形成的?

12. 在 8086/8088 中,设(SP)=0124H,(SS)=3300H,若在代码段的 2248H 单元中存放一条软中断指令 INT 40H,则执行该指令后,堆栈的物理地址为多少? ((SP))((SP+1))为多少? IP 的值为多少?

13. 某一用户中断源的中断类型号为 60H,其中断处理程序的符号地址为 INTR60。请至少用两种不同的方法设置其中断向量表。

14. 某条件传送接口,其状态端口地址为 2F1H,状态位用 D_7 传送,数据端口地址为 2F0H。假设输入设备已被启动,在输入数据时可再次启动输入,用程序查询方式编写程序段,从输入设备上输入 4000 个字节数据送存储器 BUFFER 缓冲区。

15. 简述 8259A 中的三个寄存器 IRR、ISR、IMR 的功能。

16. 对于 8259A 可编程中断控制器:

(1) 单片使用时,可同时接收几个外设的中断请求?

(2) 级联使用时,从片的 INT 引脚应与主片的哪个引脚相连?

第 7 章 并 行 接 口

7.1 例 题

1. 试说明 8255A 工作在方式 1 输出时的工作过程。

解：(1) 数据输出时，CPU 向 8255A 写入数据，写信号的上升沿使 $\overline{\text{OBF}}$ 信号有效，表示输出缓冲器满，通知外设取走数据，同时使 INTR 变为低电平；

(2) 当外设取走数据后，向 8255A 发送 $\overline{\text{ACK}}$ 信号，表示数据已经被外设取走；

(3) $\overline{\text{ACK}}$ 信号的下降沿将 $\overline{\text{OBF}}$ 信号置为高电平，上升沿使 INTR 有效，向 CPU 发出中断请求，以便写入下一个数据。

2. 设 8255A 的端口地址为 8000H～8003H，要求 A 口工作在方式 1 输入、B 口工作在方式 0 输出，C 口用作基本输入口，试完成它的初始化编程。

解：根据 8255A 的方式选择控制字格式，结合题目要求分析得出：8255A 的方式控制字为 0B9H，然后通过向控制口发送方式控制字完成初始化编程。

```
MOV   DX,8003H
MOV   AL,0B9H
OUT   DX,AL
```

3. 设 8255A 的 A 口、B 口、C 口以及控制端口地址为 8000H～8003H，编程对 PA$_7$ 进行置位输出，而不改变其他位的设置。

解：

```
MOV   DX,8003H
MOV   AL,90H
OUT   DX,AL        ; 初始化 8255A,使 8255A 的 A 口工作在方式 0 输入
MOV   DX,8000H
IN    AL,DX        ; 从 PA 口读入原来设置的内容
MOV   AH,AL        ; 保存读入内容
MOV   DX,8003H
MOV   AL,80H
OUT   DX,AL        ; 初始化 8255A,使 8255A 的 A 口工作在方式 0 输出
MOV   DX,8000H
OR    AH,80H       ; 对 AH 的最高位置位,其他位不变
MOV   AL,AH
OUT   DX,AL        ; 从 PA 口输出
```

4. 设 8255A 的 A 口、B 口、C 口以及控制端口地址为 8000H～8003H，编程对 PC_7 进行置位输出，而不改变其他位的设置。

解：方法一：端口 C 输出方法。参考上例，略。

方法二：使用端口 C 置 0/置 1 控制字，具体如下：

```
MOV   DX,8003H
MOV   AL,0FH          ;置控制字为 0FH
OUT   DX,AL           ;从控制口输出
```

建议：对 C 端口的类似操作采用方法二比较方便。

5. 已知 8086 系统包含如图 1.7.1 所示的 8255A 接口，设 8255A 的片选信号由地址译码器和相关控制信号提供，8255A 的管脚 A_1、A_0 分别与地址线 A_2 和 A_1 相连。8255A 的控制口地址为 38EH。8255A 的 PA_7 可根据 PB_1 的状态决定是否点亮 LED。

（1）写出 8255A 各个端口的地址。

（2）设计一程序段，使用 8255A 检测 PB_1 的输入状态，当 $PB_1＝0$ 时，使 LED 点亮。

解：（1）由图 1.7.1 可知：8255A 的 A 口地址为 388H、B 口地址为 38AH、C 口地址为 38CH。

（2）设计程序段如下：

```
      MOV   AL,10000010B
      MOV   DX,38EH
      OUT   DX,AL            ;8255A 初始化
      MOV   DX,38AH
K₁: IN    AL,DX
      TEST  AL,02H
      JNZ   K1
      MOV   DX,388H
      MOV   AL,00H
      OUT   DX,AL
```

6. 已知数码管显示接口电路如图 1.7.2 所示，8255A 的地址为 8000H～8003H。试完成程序（包含 8255A 的初始化部分）实现开关按下 LED 数码管显示数字 4 的功能。

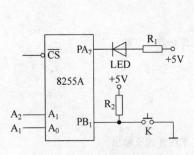

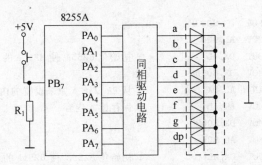

图 1.7.1　8255A 接口电路　　　　图 1.7.2　数码管显示接口电路

解：根据题目要求可选择 8255A 工作于方式 0，A 口输出、B 口输入。故设计以下程序段对 8255A 进行初始化：

```
        MOV     DX,8003H
        MOV     AL,10000010B
        OUT     DX,AL               ;方式控制字送控制端口
        MOV     DX,8001H
K₁:     IN      AL,DX               ;从 B 端口读入
        TEST    AL,80H              ;检测 PB₇
        JZ      K1                  ;若开关未按下,则等待
        MOV     DX,8000H
        MOV     AL,66H
        OUT     DX,AL               ;从 A 端口送出段码
```

7.2 习　　题

1. 选择题

(1) 8255A 在方式 0 时,端口 A、B、C 输入输出可以有(　　)种组合。

A. 4　　　　　　　B. 8　　　　　　　C. 16　　　　　　　D. 6

(2) 一个 LED 数码显示器以共阳极方式连接,段码 abcdefg 依次与数据总线 $D_0 \sim D_6$ 相连,DP 与 D_7 相连,为显示字符 F,段码值应为(　　)。

A. 8EH　　　　　　B. 79H　　　　　　C. 61H　　　　　　D. 9EH

(3) 某系统采用 8255A 作为并行 I/O 接口,A 口的端口地址为 0C8H,则初始化时 CPU 所访问的端口地址为(　　)。

A. 0C8H　　　　　B. 0CAH　　　　　C. 0C9H　　　　　D. 0CEH

(4) 8255A 能实现双向传送功能的工作方式为(　　)。

A. 方式 0　　　　　B. 方式 1　　　　　C. 方式 2　　　　　D. 方式 3

(5) 并行接口芯片 8255A 被设定为方式 2 时,其工作的 I/O 口(　　)。

A. 仅能作输入口使用

B. 仅能作输出口使用

C. 既能作输入口,也能作输出口使用

D. 仅能作不带控制信号的输入口或输出口使用

(6) 当 8255A 的端口 A 和端口 B 都工作在方式 1 输入时,端口 C 的 PC_7 和 PC_6(　　)。

A. 被禁用　　　　　　　　　　　　B. 只能作为输入使用

C. 只能作为输出使用　　　　　　　D. 可以设定为输入和输出使用

(7) 8255A 的端口 A 工作在方式 2 时,如果端口 B 工作在方式 1,则固定用作端口 B 联络信号的端口 C 的信号是(　　)。

A. $PC_2 \sim PC_0$　　　　　　　　　　B. $PC_6 \sim PC_4$

C. $PC_7 \sim PC_5$　　　　　　　　　　D. $PC_3 \sim PC_1$

(8) 8255A 的端口 A 工作在方式 2、端口 B 工作在方式 0 时,C 端口(　　)。

A. 作 2 个 4 位端口

B. 部分引脚作联络信号,部分引脚作 I/O 端口

C. 全部引脚作联络信号

D. 作 8 位 I/O 端口

(9) 若8255A的A、B口都工作在方式1输出,则C口中可以设定为输入输出的位分别为( )。

A. PC_7、PC_6　　　　　　　　B. PC_5、PC_4

C. PC_3、PC_2　　　　　　　　D. PC_1、PC_0

(10) 8255A的A口工作在方式1输入时,应该对C口的( )置位,才允许送出A口的中断请求信号。

A. PC_7　　　　B. PC_6　　　　C. PC_5　　　　D. PC_4

(11) 通过8255A的端口A实现双机数据通信时,其工作方式可以设置为( )。

A. 方式0　　　B. 方式1　　　C. 方式2　　　　D. 以上三项都不能

(12) 若8255A的地址范围为600H~603H,则方式控制字从( )地址送入。

A. 600H　　　B. 601H　　　C. 602H　　　　D. 603H

(13) 若8255A的地址范围为600H~603H,则置0/置1控制字从( )地址送入。

A. 600H　　　B. 601H　　　C. 602H　　　　D. 603H

(14) 若8255A的方式控制字为10011001B,则工作在输出方式的是( )。

A. A口　　　　　　　　　　　　B. B口

C. C口高4位　　　　　　　　　　D. C口低4位

(15) 当8255A的A口工作在方式1输入时,对PC_4置位,其作用是( )。

A. 启动输入　　　　　　　　　　B. 停止输入

C. 允许输入　　　　　　　　　　D. 开放输入中断

(16) 8255A工作在方式1输出时,$\overline{OBF}$信号的低电平表示( )。

A. 输入缓冲器满信号　　　　　　B. 输入缓冲器空信号

C. 输出缓冲器满信号　　　　　　D. 输出缓冲器空信号

(17) 对8255A的C口PC_4置1的控制字为( )。

A. 00000110B　　　　　　　　　B. 00001001B

C. 00000100B　　　　　　　　　D. 00000101B

(18) 8255A的端口A工作在方式1输入时,C口的( )一定是空闲的。

A. PC_4、PC_6　　B. PC_2、PC_3　　C. PC_6、PC_7　　D. PC_5、PC_6

(19) 8255A的方式选择控制字为80H,其含义是( )。

A. A、B、C口全为输入

B. A口为输出,其他为输入

C. A、B为方式0

D. A、B、C口均为方式0,输出

(20) 一台智能仪器采用8255A芯片作数据传送口,若芯片的A口地址为0F4H,则当CPU执行输出指令访问0F7H端口时,其操作为( )。

A. 数据从端口C送数据总线　　　B. 数据从数据总线送端口C

C. 控制字送控制字寄存器　　　　D. 数据从数据总线送端口B

2. 填空题

(1) 8255A并行接口电路可编程工作在基本输入/输出、_____和_____这3种工作方式下。

（2）已知一个共阳极七段数码管的段排列如图 1.7.3 所示，若要显示字符 3，则七段编码 gfedcba 应为_____。

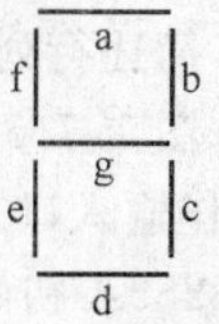

（3）8255A 工作在方式 2 时，使用端口 C 的_____作为与 CPU 和外部设备的联络信号。

（4）8255A 端口 C 的按位置位复位功能是由控制字中的 $D_7 =$_____来决定的。

图 1.7.3　七段数码管的
段排列图

（5）当 8255A 的控制字最高位 $D_7 = 1$ 时，表示该控制字为_____控制字。

（6）8255A 的三个端口中只有_____口输入输出均有锁存功能。

（7）LED 数码管分为_____极和_____极两种，其中_____极数码管的笔划输入线送高电平时点亮。

（8）8255A 可以允许中断请求的工作方式有_____和_____。

（9）LED 显示器的工作方式分为_____显示和_____显示两种。

（10）为了使 8255A 的端口地址为偶地址，一般将 8255A 的 A_1 和 A_0 和 8086 系统总线的_____、_____相连。

（11）8255A 是一个_____接口芯片。

3. 8255A 的端口 A 和 B 可分别工作在哪几种方式下？

4. 要求 8255A 的端口 A 工作在方式 2，端口 B 工作在方式 1 输出，试写出该 8255A 的方式控制字。

5. 8255A 的方式 0 和方式 1 在功能上有什么区别？在什么情况下使用方式 1？

6. 试编写程序段，将 PC_5 置 1，PC_3 置 0，其他位不变，设该 8255A 的控制端口地址为 8003H。

7. 若 8255A 的 A 口工作在方式 0 输出，B 口工作在方式 1 输入，除了为 B 口做联络信号的 C 口相关位外，其余均做输出用。如该 8255A 的控制端口地址为 8003H，试写出初始化程序段。

8. 当数据从 8255A 的端口 C 读入 CPU 时，8255A 的控制信号 $\overline{CS}$、$\overline{RD}$、$\overline{WR}$、A_0、A_1 分别为什么电平？

9. 设某 8255A 芯片端口地址为 60H～63H，要求利用 C 口置位/复位控制字实现 PC_0 输出如图 1.7.4 所示的波形，试编写程序实现上述功能。（说明：延时 5s 通过 CALL D5S 指令实现。）

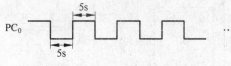

图 1.7.4　PC_0 输出波形图

10. 某 8086 微机系统中使用 8255A 作为并行口，A 口为方式 1 输入，以中断方式与 CPU 交换数据，中断类型号为 0FH（A 口为方式 1 输入时其中断允许位为 PC_4），B 口工作于方式 0 输出，C 口余下的 I/O 线作输入。设 8255A 的控制口地址为 0B6H，试编写 8255A 的初始化程序，并设置 A 口的中断向量（设 A 口中断服务子程序名为 PASER）。

11. 简述行列式键盘的读入方法。

12. 图 1.7.5 所示为 8×8 的非编码键盘和 8255A 的接口电路,8255A 的 A 口作输出口,B 口作输入口。若 A 口地址为 PORTA,B 口地址为 PORTB,控制口地址为 PORTCN,试编写 8255A 初始化和等待键按下的程序段。

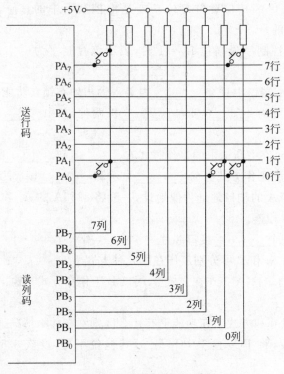

图 1.7.5 键盘接口电路

13. 8255A 芯片的 A 口、B 口已分别与 8 个 LED 灯、8 个开关连好,C 口的 PC_2 与一手动开关 M 连接,译码电路中,只有 $A_9 \sim A_0$ 用于端口译码,其余地址均作 0 处理,分析如图 1.7.6 所示的连接线路图,并回答问题。

(1) 8255A 的 4 个端口地址是多少?

(2) 试编写 8255A 初始化以及满足下列要求的程序段:采用查询方式,实现把 B 口的开关量数据送往 A 口,控制指示灯。PC_2 所连手动开关 M 作为"准备好"开关,当设置好 8 个开关量后,手动开关 M 闭合,表明此时数据已准备好,可读取开关量控制相应指示灯亮。

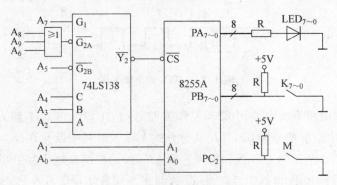

图 1.7.6 8255A 接口电路

第8章 串行接口

8.1 例 题

1. 什么是波特率？设数据传送的速率是 120 字符/秒，而每一个字符格式中，数据位 7 位，停止位、校验位各 1 位，则传送的波特率为多少？

解：波特率是指单位时间内传输的二进制信息的位数，单位为位/秒。

因为每个字符必须有一位起始位，所以每一个字符位数是：$7+1+1+1=10$（位）。

传送的波特率为：$10 \times 120 = 1200$（位/秒）$=1200$（波特）。

2. 串行通信有什么特点？有哪两种最基本的通信方式？其数据格式如何？

解：串行通信是指与外设之间的数据传送是逐位依次传输的，每一位数据占据一个固定的时间长度。这种情况只要少数几条线就可以在系统间交换信息。特别适用于计算机与计算机，以及计算机与外设之间的远距离通信，但串行通信的速度比较慢。

串行通信有两种最基本的通信方式：异步通信、同步通信。

异步通信所采用的数据格式是由一组可变"位数"的数组组成的。第一位称起始位，它的宽度为 1bit，低电平；接着传送 5～8 位数据位，高电平为 1，低电平为 0；也可有一位奇偶校验位（可选）；最后是停止位，宽度可以是 1bit、1.5bit 或 2bit，在两个数据位之间可有空闲位。计算机之间的异步通信速率一般不应变动，但通信的数据是可变的，也就是说，数据字之间的空闲位是可变的。

同步通信所采用的数据格式是在数据块开始处用同步字符来指示，根据控制规则可分为两种：面向字符及面向比特。

在速率相同的情况下，同步通信的速度高于异步通信。

3. 甲乙两台计算机近距离通过 RS-232C 相连进行串行通信时，常采用什么样的三线连接法？

解：甲乙两台计算机近距离通过 RS-232C 相连进行串行通信时，常采用三线连接法，即甲方计算机的 RxD 端接乙方计算机的 TxD 端，甲方计算机的 TxD 端接乙方计算机的 RxD 端，甲乙双方接地端共同接地，这样就可以进行最简单的计算机串行通信。

4. 简述 8251A 基本功能。

解：8251A 的基本性能如下：

(1) 可用于同步和异步传送。

(2) 同步传送：5～8 位/字符，内部或外部同步，可自动插入同步字符。

(3) 异步传送：5～8 位/字符，时钟速率为通信波特率的 1、16 或 64 倍。

(4) 可产生 1、1.5 或 2 位的停止位。可检查假启动位。自动检测和处理终止字符。

(5) 波特率：DC-19.2k(异步)；DC-64k(同步)。

(6) 完全双工,双缓冲器发送和接收器。

(7) 出错检测,具有奇偶、溢出和帧错误等检测电路。

8.2 习　　题

1. 选择题

(1) 异步通信传输信息时,其特点是(　　　)。

A. 通信双方不必同步　　　　　B. 每个字符的发送是独立的

C. 字符之间的传输时间长度相同　D. 字符发送速率由波特率确定

(2) 同步通信传输信息时,其特点是(　　　)。

A. 通信双方必须同步　　　　　B. 每个字符的发送不是独立的

C. 字符之间的传输时间长度可以不同　D. 字符发送速率由数据波特率确定

(3) 对于串行接口,其主要功能为(　　　)。

A. 仅串行数据到并行数据的转换

B. 仅并行数据到串行数据的转换

C. 输入时将并行数据转换为串行数据,输出时将串行数据转换为并行数据

D. 输入时将串行数据转换为并行数据,输出时将并行数据转换为串行数据

(4) 在异步串行通信中,相邻两帧数据的间隔是(　　　)。

A. 0　　　　　　B. 任意的　　　　C. 确定的　　　　　D. 与波特率有关

(5) 下列有关异步串行通信的叙述中,正确的是(　　　)。

A. 发送方与接收方无需同步

B. 奇偶校验位的作用是检错与纠错

C. 在全双工方式下,收发双方只需用一根线相连

D. 远程终端一定要通过 MODEM 才能与主机相连接

(6) 异步通信区别于同步通信的主要特点是(　　　)。

A. 通信双方需要同步字符　　　B. 字符之间的间隔时间长度应相同

C. 每个字符的发送是独立的　　D. 字符发送速率由波特率确定

(7) 在数据传输率相同的情况下,同步通信的字符传送速度要高于异步通信,其主要原因是(　　　)。

A. 发生错误的概率低　　　　　B. 字符成组传送,字符间无间隔

C. 附加的多余信息少　　　　　D. 采用了检错率强的检验方法

(8) 串行接口中,并行数据和串行数据的转换的实现利用的是(　　　)。

A. 数据寄存器　　　　　　　　B. 移位寄存器

C. 锁存器　　　　　　　　　　D. A/D 转换器

(9) 在串行通信中,使用波特率来表示数据的传输速率,它是指(　　　)。

A. 每秒传送的字符数　　　　　B. 每秒传送的字节数

C. 每秒传送的位数　　　　　　D. 每分钟传送的字符数

(10) 在异步串行通信中,常采用的校验方法是(　　　)。

A. 奇偶校验　　　　　　　　　B. 双重奇偶校验

C. 海明码校验　　　　　　　　　　D. 循环冗余码校验

(11) RS-232C 接口的信号电平范围为(　　)。

A. 0～5V　　　B. −5V～＋5V　　　C. 0～10V　　　　D. −15V～＋15V

2. 填空题

(1) 在串行通信中有两种基本的通信方式,即_____和同步通信。

(2) 只有在_____信号到来之后,或者最先写入_____后,才能将方式控制字写入 8251A。

(3) 串行传送时,被传送数据需要在发送部件中进行_____变换。

(4) RS-232C 是用于数据通信设备和数据终端设备间的_____接口标准。

(5) 数据在传送线上一位一位的依次传送,称为_____传送方式。

(6) 在串行通信数据传送中,常用的传送方式有单工、半双工和_____三种。

3. 异步通信中,异步的含义是什么?

4. 某系统采用异步串行方式与外设通信,发送字符格式由 1 位起始位、7 个数据位、1 个奇偶校验位和 2 个停止位组成,波特率为 1200bps。问,该系统每分钟发送多少个字符? 若波特率因子为 16,发送时钟频率为多少?

5. 简述并行通信和串行通信的优缺点。

6. 为什么要在 RS-232C 与 TTL 之间加转换?

7. 调制解调器在通信中的作用是什么?

8. 设 8251A 为异步工作方式,1 个停止位,偶校验,7 个数据位,波特率因子为 16。请写出其方式字。若发送使能,接收使能,$\overline{DTR}$ 端输出低电平,TxD 端发送空白字符,RTS端输出低电平,内部不复位,出错标志复位。请给出控制字。

9. 在微机系统中,8251A 作为 CRT 显示器、键盘串行通信接口,如图 1.8.1 所示。8251A 主时钟 CLK 为 2MHz,发送时钟 $\overline{TxC}$ 和接收时钟 $\overline{RxC}$ 由分频器提供。片选信号 $\overline{CS}$ 由地址高位译码后提供,数据口地址为 0D8H,控制口地址为 0DAH,8251A 经 RS-232C 接口与显示器、键盘相连,所以它们之间要用 MC1488 和 MC1489 进行电平变换。要求对 8251A 进行初始化编程,并编写发送程序和接收程序。

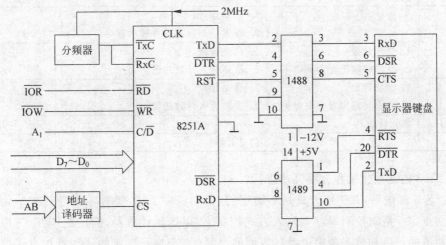

图 1.8.1　8251A 作为 CRT 显示器、键盘串行通信接口图

第9章 计数器/定时器

9.1 例　题

1. 简述 8253 定时/计数器方式 0 和方式 4 的区别。

解：8253 方式 0 为计数结束中断方式，方式 4 为软件触发选通方式。

（1）方式 0 和方式 4 都是由软件触发启动计数，无自动重装入计数初值能力，除非再写初值。门控信号 GATE 用于 CLK 进入减 1 计数器的控制；高电平时，CE 减 1；低电平时，CE 停止。

（2）这两种方式的区别在于输出信号 OUT 的波形上。方式 0 下，当写入控制字时，OUT 变为低电平，直到计数到 0，输出才变为高电平；而方式 4 下，当写入控制字时，OUT 变为高电平，当计数到 0 时，输出一个时钟周期的负脉冲，再恢复为高电平。

2. 8253 的每个通道都有一个 GATE 端，请说明它有什么作用。

解：门控信号 GATE 用于启动或禁止计数器的操作。在不同的工作方式中，门控信号的触发方式有着具体的规定，如表 1.9.1 所示。

表 1.9.1　GATE 信号控制功能

工作方式	低电平或负跳变	正跳变	高电平
方式 0	禁止计数	—	允许计数
方式 1	—	1. 启动计数； 2. 在下一个脉冲后将输出置为低电平	—
方式 2	1. 禁止计数 2. 立即将输出置为高电平	1. 启动计数 2. 重新装入计数初值	允许计数
方式 3	1. 禁止计数 2. 立即将输出置为高电平	1. 启动计数 2. 重新装入计数初值	允许计数
方式 4	禁止计数	—	允许计数
方式 5	—	启动计数	—

3. 8253 的初始化编程分哪几步进行？

解：芯片加电后，其工作方式是不确定的，为了正常工作，要对芯片进行初始化。初始化包括两点：一是向控制寄存器写入方式控制字，以选择计数器，确定工作方式，指定计数器计数初值的长度和装入顺序以及计数值的码制；二是向已选定的计数器按方式控制字的要求写入计数初值。

4. 对计数器 1 进行初始化,使其工作于方式 3,采用二进制格式计数,计数初值为 2000H。设 8253 的端口地址为 80H～83H。

(1) 编写初始化程序。

(2) 若要在计数过程中读出当前计数值,应如何编写程序?

解：(1) 首先确定控制字：

$SC_1 SC_0 = 01$　　选择 1# 计数器
$RL_1 RL_0 = 11$　　先读/写低 8 位,再读/写高 8 位
$M_2 M_1 M_0 = 011$　　工作方式 3
$BCD = 0$　　二进制

则控制字为 01110110(76H)

初始化程序段如下：

```
MOV   AL,76H         ; 通道 1 初始化
OUT   83H,AL
MOV   AX,2000H
OUT   81H,AL         ; 先写低 8 位
MOV   AL,AH
OUT   81H,AL         ; 再写高 8 位
```

(2) 8253 计数器是 16 位,要分两次读到 CPU 中,但是计数器正在计数过程中,在读取计数器期间计数值有可能发生变化,因此,CPU 在读取计数值时,要锁存当前计数器的值。其方法是向 8253 输出一个计数器锁存命令。8253 的每一个计数器都有一个 16 位的输出锁存器 OL,一般情况下它的值随计数器的值变化,当写入锁存控制命令后,它就把计数器的现行值锁存,此时计数器继续计数。这样,CPU 就可用输入指令从所读计数器口地址读取锁存器的值。CPU 读取计数值后,自动解除锁存状态,它的值又随计数器而变化。

读取计数器 1 的 16 位当前计数值,控制字为：

$SC_1 SC_0 = 01$　　选择 1# 计数器
$RL_1 RL_0 = 00$　　锁存当前计数值到输出锁存器中
$M_2 M_1 M_0$ 和 BCD 位无关,默认均取 0,则控制字为 01000000(40H)

初始化程序段如下：

```
MOV   AL,40H         ; 向通道 1 写锁存命令
OUT   83H,AL
IN    AL,81H         ; 先读低 8 位
XCHG  AL,AH          ; 暂存 AH
IN    AL,81H         ; 再读高 8 位
XCHG  AL,AH          ; 利用交换指令使计数值的低字节到 AL,高字节到 AH
```

5. 8253 的计数器 0 的连接如图 1.9.1 所示,试回答下列问题：

(1) 计数器 0 工作于何种工作方式? 工作方式的名称是什么?

(2) 写出计数器 0 的计数初值。

解：(1) 工作于方式 2,是速率发生器。

(2) 方式 2 的重复周期是 $Tout = n \times Tclk$,负脉冲宽度为 $1 \times Tclk$。

所以,计数初值 $n = Tout/Tclk = 1ms/400ns = 2500$。

6. 已知 8253 的两个计数器 $CLK_0 = 1MHz$，$CLK_1 = 1kHz$，现系统要求 8253 的 OUT_1 产生 0.1s 的定时方波信号。

(1) 应如何实现？

(2) 说明两个计数器的工作方式并计算计数初值。

(3) 编写 8253 的初始化程序(8253 的端口地址为 80H～83H，均采用二进制计数)。

解：(1) 采用计数器 0 和计数器 1 相级连的方法。

(2) 连线如图 1.9.2 所示。

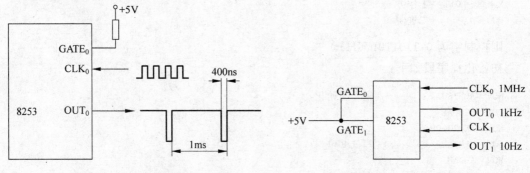

图 1.9.1　8253 示意图　　　　　　图 1.9.2　8253 连线图

(3) 计数器 0，方式 2 或方式 3，计数初值：1000

计数器 1，方式 3，计数初值：100

(4) 初始化程序如下：

```
MOV   AL,00110100          ;通道 0 初始化(控制字或为 36H)
OUT   83H,AL
MOV   AX,1000
OUT   80H,AL
MOV   AL,AH
OUT   80H,AL
MOV   AL,01010110          ;通道 1 初始化
OUT   83H,AL
MOV   AL,100
OUT   81H,AL
```

7. 使用 8253 产生一次性中断，最好采用什么工作方式？若将计数初值送到计数器 0 后经过 20ms 产生一次中断，应如何设置编程？设时钟频率 CLK 为 2MHz，8253 端口地址为 60H～63H。

解：使用 8253 产生一次性中断，最好采用方式 0。

若 20ms 产生一次中断，而 CLK 为 2MHz，周期为 $0.5\mu s$，则计数初值为 $20ms/0.5\mu s = 40000$。程序如下：

```
MOV   AL,00110000B
OUT   63H,AL               ;设计数器 0 为方式 0,二进制计数
MOV   AX,40000
OUT   60H,AL
MOV   AL,AH
OUT   60H,AL               ;送初值 40000
```

9.2 习　　题

1. 选择题

(1) 8253 是可编程定时、计数器芯片,它内部有(　　)。

A. 二个定时器　　　　B. 四个定时器　　　　C. 三个计数器　　　　D. 四个计数器

(2) 8253 的定时与计数(　　)。

A. 是两种不同的工作方式　　　　　　　B. 定时只加脉冲信号,不设计数值

C. 实质相同,只是所加的计数脉冲要求不同　　　　D. 从各自的控制端口设置

(3) 若 8253 处于计数过程中,CPU 要对它装入新的初值,则下列说法中正确的是(　　)。

A. 8253 禁止编程

B. 8253 允许编程,并改变当前的计数过程

C. 8253 允许编程,但不改变当前的计数过程

D. 8253 允许编程,是否影响当前的计数过程随工作方式而变

(4) 当 8253 工作在方式 0,在初始化编程时,一旦写入控制字后,(　　)。

A. 输出信号端 OUT 变为高电平　　　　　　B. 输出信号端 OUT 变为低电平

C. 输出信号保持原来的电位值　　　　　　D. 立即开始计数

(5) 若 8253 工作在方式 0,当计数到 0 时,下列说法中正确的是(　　)。

A. 恢复计数值,重新开始计数　　　　　　B. 不恢复计数值,重新开始计数

C. 不恢复计数值,停止计数　　　　　　　D. 恢复计数值,停止计数

(6) 某测控系统要产生一单稳信号,若使用 8253 可编程定时/计数器来实现此功能,则 8253 应工作在(　　)。

A. 方式 0　　　　　　B. 方式 1　　　　　　C. 方式 2　　　　　　D. 方式 3

(7) 下列工作方式中,8253 初始化编程后能连续计数的是(　　)。

A. 方式 0　　　　　　B. 方式 1　　　　　　C. 方式 2　　　　　　D. 方式 4

(8) 某一测控系统要使用一个连续方波信号,如果使用 8253 可编程定时/计数器来实现此功能,则 8253 应工作于(　　)。

A. 方式 0　　　　　　B. 方式 1　　　　　　C. 方式 2　　　　　　D. 方式 3

(9) 计数器工作在方式 0,采用二进制计数,计数的初值为 1000H,当计数值计到达 0 后,计数器的值为(　　)。

A. 0　　　　　　　　B. 1　　　　　　　　C. 1000　　　　　　　D. 1000H

(10) 计数器通道 0 工作在方式 2,计数的初值为 1000H,当计数值计到 0 后,计数器的值为(　　)。

A. 0　　　　　　　　B. 1　　　　　　　　C. 1000　　　　　　　D. 1000H

2. 填空题

(1) 在微机应用系统中,定时或延时可采用三种方法实现:＿＿＿＿＿＿＿＿、不可编程的硬件电路定时、＿＿＿＿＿＿＿＿＿＿。

(2) 8253 有三条写命令,分别是＿＿＿＿＿、＿＿＿＿＿、写锁存命令。

(3) 8253 定时/计数器的计数值为＿＿＿＿位。

(4) 8253 定时/计数器有_____个通道。

(5) 8253 的每个计数器中都有_____个寄存器。

(6) 如果要求利用 8253 产生一个方波信号,那么 8253 的工作方式应置为_____。

(7) 8253 各计数器的工作方式由控制字中的位_____决定。

(8) 8253 控制字的 D_0 位为 0 时,表示所采用的计数进制为_____。

(9) 8253 定时/计数器中,其计数器的最小计数初值为_____。

(10) 8253 定时/计数器中,其计数器的最大计数初值为_____。

3. 分别说明 8253 各个计数器中三个引脚信号 CLK、OUT 和 GATE 的功能。

4. 指出 8253 的方式 0～方式 3 各是何种工作方式? 为了便于重复计数,最好选用哪些工作方式?

5. 简述 8253 定时/计数器的方式 2 和方式 3 的工作特点。

6. 说明 8253 方式 1 和方式 5 的工作特点。

7. 8253 的输出锁存器 OL 有什么作用?

8. 8253 选用二进制与十进制计数的区别是什么? 每种计数方式的最大计数值分别为多少?

9. 系统中有一片 8253,其端口地址分别为 280H、281H、282H、283H,试对 8253 编写初始化程序。计数器 0 低 8 位计数,计数值为 256,二进制计数,设置为方式 3;计数器 2 高、低 8 位计数,计数值为 1000,BCD 计数,设置为方式 2。

10. 一个 8253 的计数器 2 工作在单稳态方式,使其产生脉冲宽度为 15ms,写出控制字和计数初值(设频率为 2MHz)。

11. 若要 8253 的 OUT_2 输出 2kHz 的频率波形,负脉冲宽度为 $1\mu s$,设 CLK_2 输入 1MHz 的时钟,$GATE_2$ 接高电平,设 8253 的端口地址为 04～07H,试对其进行初始化编程。

12. 已知某可编程接口芯片中计数器的端口地址为 40H,控制口的端口地址为 43H,计数频率为 2MHz。计数器到 0 值的输出信号用做中断请求信号,执行下列程序后,发出中断请求信号的周期是多少?

```
MOV   AL,00110110B
OUT   43H,AL
MOV   AL,0FFH
OUT   40H,AL
OUT   40H,AL
```

13. 8253 计数器 0 按方式 3 工作,时钟 CLK_0 为 1MHz,要求输出方波的频率为 50kHz,此时写入的计数初值应为多少? 输出方波的 1 和 0 各占多少时间?

第 10 章 数/模和模/数转换

10.1 例 题

1. 使用 DAC0832 进行数模转换时,有哪两种方法可对数据进行锁存?

解:在使用 DAC0832 进行数模转换时,可用双缓冲工作方式和单缓冲工作方式两种方法对数据进行锁存。

双缓冲工作方式是 CPU 对数据进行两步操作:先将数据写入输入寄存器,再将输入寄存器的内容写入 DAC 寄存器。其连接方法是:把 ILE 固定为高电平,$\overline{WR_1}$、$\overline{WR_2}$ 均接到 CPU 的 $\overline{IOW}$,而 $\overline{CS}$ 和 $\overline{XFER}$ 分别接到两个端口的地址译码信号。双缓冲工作方式的优点是 DAC0832 的数据接收和启动转换可异步进行。可以在进行 D/A 转换的同时,进行下一数据的接收,以提高通道的转换速率,实现多个通道同时进行 D/A 转换。相关的接线如图 1.10.1 所示。

单缓冲工作方式是使两个寄存器中的任一个处于直通状态,另一个工作于受控锁存器状态。一般是使 DAC 寄存器处于直通状态,即把 $\overline{WR_2}$ 和 $\overline{XFER}$ 端都接数字地。此时,数据只要一写入 DAC 芯片,就立刻进行数模转换。这种工作方式可减少一条输出指令,在不要求多个通道同时刷新模拟输出时,可采用这种方法。相关的接线如图 1.10.2 所示。

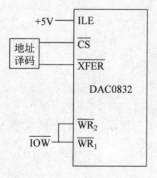

图 1.10.1 DAC0832 双缓冲工作方式图

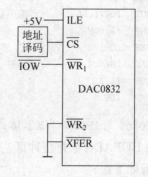

图 1.10.2 DAC0832 单缓冲工作方式图

2. IBM PC/XT 总线扩展槽中扩展一片 DAC 0832 转换器,输出如图 1.10.3 所示的连续梯形波,试设计硬件连线图和软件程序(周期 T 和振幅 A 可自定)。

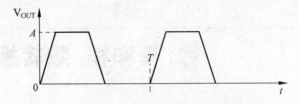

图 1.10.3　DAC0832 转换器输出连续梯形波图

解：DAC 0832 转换器硬件连线图如图 1.10.4 所示。

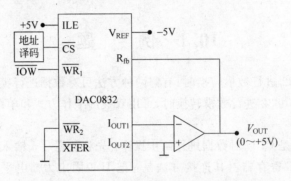

图 1.10.4　DAC0832 转换器硬件连线图

假定端口地址为 PORT1(小于 256)，则程序为：

```
        XOR    AL,AL
LOP:    OUT    PORT1,AL      ; 输出线性增长的电压
        INC    AL
        CMP    AL,0FFH
        JNE    LOP
        CALL   DELAY1        ; 延时
        XOR    AL,AL
LOP1:   DEC    AL
        OUT    PORT1,AL      ; 输出线性递减电压
        CMP    AL,00H
        JNE    LOP1
        CALL   DELAY2        ; 延时
        XOR    AL,AL
        JMP    LOP
```

3. ADC0809 与 IBM PC/XT 接口电路如图 1.10.5 所示。把 8 个模拟输入量巡回采集一遍，并存入 BUFADC 数据缓冲区。试编写程序实现。

解：分析如下：

当启动 ADC0809 转换时，EOC 并不是立即变为低电平，而是继续保持高电平，最多达到 8 个时钟周期，约 16μs 的时间，此时如果只用 EOC 的高电平判断转换完成，就会出错，即 ADC0809 尚未开始转换(此时为高电平)就误认为转换已结束。因此，需要首先检查 EOC 信号是否变为低电平，如为高电平则等待。随后再判断转换是否完成，为低电平说明转换在进行中，为高电平说明转换结束。程序段 W0、W1 分别判断了 EOC 由高变低、再由低变高

的全过程,保证了转换结束判断的正确性。模拟通道地址 880H 由 BX 指示。

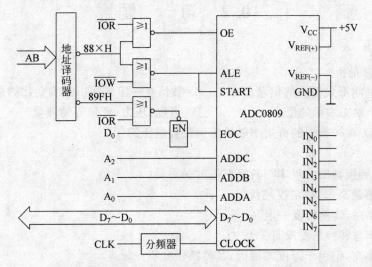

图 1.10.5　ADC0809 与 IBM PC/XT 接口电路图

程序如下:

```
DATA      SEGMENT
BUFADC    DB          8 DUP
DATA      ENDS
CODE      SEGMENT
          ASSUME      CS: CODE,DS: DATA
START:    MOV         AX,DATA
          MOV         DS,AX
          MOV         SI,OFFSET BUFADC
          MOV         CX,8
          MOV         BX,880H
L0:       MOV         DX,BX
          OUT         DX,AL
          MOV         DX,89FH
W0:       IN          AL,DX
          TEST        AL,01H
          JNZ         W0
W1:       IN          AL,DX
          TEST        AL,01H
          JZ          W1
          MOV         DX,BX
          IN          AL,DX
          MOV         [SI],AL
          INC         SI
          INC         BX
          LOOP        L0
          MOV         AH,4CH
          INT         21H
CODE      ENDS
          END         START
```

数/模和模/数转换

10.2 习　　题

1. 选择题

(1) 数字量是指(　　)。

A. 以二进制形式提供的信息　　　　B. 数值在一定区间内连续变化的量

C. 用二个状态表示的量　　　　　　D. 温度、压力、流量等物理量

(2) 8 位 D/A 转换器的分辨率能给出满量程电压的(　　)。

A. 1/8　　　　　　B. 1/16　　　　　　C. 1/32　　　　　　D. 1/256

(3) A/D 转换器的分辨率与转换精度的关系是(　　)。

A. 分辨率越高,转换精度越低

B. 分辨率高,转换精度一定高

C. 分辨率与转换精度没有关系

D. 分辨率高,但由于温度等原因,其转换精度不一定高

(4) 反映一个 D/A 转换器稳定性的技术指标是(　　)。

A. 精度　　　　　　B. 分辨率　　　　　　C. 输出阻抗　　　　　　D. 电源敏感度

(5) 当 CPU 使用中断方式从 A/D 转换器读取数据时,A/D 转换器向 CPU 发出中断请求的信号是(　　)。

A. START　　　　　　B. OE　　　　　　C. INTR　　　　　　D. EOC

(6) DAC0832 逻辑电源为(　　)。

A. $-3V \sim +3V$　　　　　　　　B. $-5V \sim +5V$

C. $+5V \sim +15\ V$　　　　　　　　D. $+3V \sim +15\ V$

(7) 启动 ADC0809 芯片开始进行 A/D 转换的方法是(　　)。

A. START 引脚输入一个正脉冲

B. START 引脚在 A/D 转换期间一直为高电平

C. ALE 引脚输入一个正脉冲

D. ALE 引脚在 A/D 转换期间一直为高电平

(8) DAC0832 的分辨率为(　　)。

A. 8 位　　　　　　B. 10 位　　　　　　C. 12 位　　　　　　D. 16 位

2. 填空题

(1) 在计算机控制系统中,_____功能是把非电量的模拟量转换成电压或电流信号。

(2) 数/模转换器的性能指标主要有分辨率、精度和_____。

(3) 模/数转换器的性能指标主要有分辨率、精度、_____和量程。

(4) A/D 转换器 ADC0809 为_____型的 A/D 转换器,当其参考电压为 5V 时,其量化误差为_____。

(5) 采样指周期性地采取_____,以取得一个脉冲序列,从而使连续的模拟量在时间上离散化。

3. 什么是 D/A 的分辨率?

4. DAC0832 将数字量转换成相应的电流量,若将其转换成电压,应如何实现? 若使输出电压范围为 0～5 V,应如何设计?

5. 若要求 3 路 DAC0832 同时输出,画出相关引脚连线图,并编写驱动程序。

6. 根据 DAC0832 转换原理,编写 DAC0832 产生锯齿波、三角波的程序。

7. 什么是 A/D 的分辨率和 A/D 的精度?

8. 比较双积分 A/D 转换器和逐次逼近型 A/D 转换器的优缺点。

9. 图 1.10.6 是 ADC0809 和微处理器直接连接的示意图。设 ADC0809 端口的地址为 85H,转换结束延迟采用软件延迟,延迟程序为 Delay。试写出从输入通道 IN_7 读入一个模拟量经 ADC0809 转换后进入微处理器的程序段。

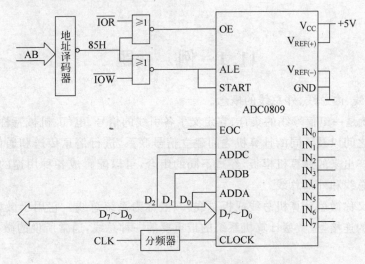

图 1.10.6　ADC0809 和微处理器接口电路图

10. ADC0809 通过并行接口 8255A 与 CPU 相连的接口如图 1.10.7 所示。若地址译码器的输出 $\overline{Y}_0$ (地址为 80H)用来选通 8255A, $\overline{Y}_1$ (地址为 84H)用来选通 ADC0809;ADC0809 的 START 和 ALE 同 8255A 的 PB_4 相连,EOC 同 PC_7 相连。

(1) 确定 8255A 端口地址;

(2) 编写 8255A 的初始化程序,并写出从输入通道 IN_7 读入一个模拟量经 ADC0809 转换后送入微处理器的程序段。

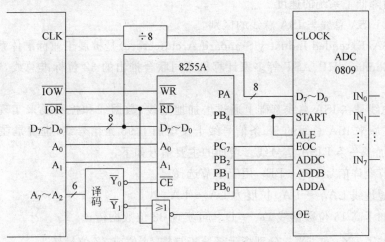

图 1.10.7　ADC0809 通过 8255A 和 CPU 相连的接口电路图

第 11 章　　总 线 技 术

11.1　例　　题

1. 阐述总线、内总线、外总线的概念。

解：总线就是一组信号线的集合，它定义了各引线的信号、电气、机械特性，使计算机内部各组成部分之间以及不同的计算机之间建立信号联系，进行信息传送和通信。按照总线标准设计和生产出来的计算机模板，经过不同的组合，可以配置成各种用途的计算机系统。总线包括内部总线和外部总线。

内部总线又称微型计算机总线或板总线，一般称为系统总线。它用于微型计算机系统各插件板之间的连接，是微型计算机系统的最重要的一种总线，通常所说的微型机总线指的就是这种总线。

外部总线又称通信总线。它用于微机系统与系统之间，以及微机系统与外部设备之间的通信通道。这种总线数据传输方式可以是并行的(如打印机)也可以是串行的。数据传输速率比片内总线低。

2. 同步总线有哪些优点和缺点？

解：同步方式用"系统时钟"作为控制数据传送的时间标准。同步总线的总线周期固定，接口设计简单，可以获得较高的系统速度，但需要解决各种速度的模块的时间匹配问题。如将一个慢速的设备连接到快速的同步系统上，则整个系统必须降低时钟速率来迁就此慢速设备，反而降低了系统的速度。

3. 说明 EISA 总线与 ISA 总线的区别。

解：EISA(Extended Industry Standard Architecture)是扩展工业标准体系结构总线的简称，是由 Compaq、HP、AST 等多家计算机公司联合推出的 32 位标准总线，适用于 32 位微处理器。

EISA 总线是在 ISA 总线基础上通过增加地址线、数据线和控制线来实现的。它使用双层插座，在原来 ISA 总线的 98 条信号线上又增加了 98 条信号线，也就是在两条 ISA 信号线之间添加了一条 EISA 信号线。增加的主要信号如下：

(1) 字节允许信号 $\overline{BE_0} \sim \overline{BE_3}$，用于字节选择。

(2) 将地址线 $LA_{17} \sim LA_{23}$ 扩展为 $LA_2 \sim LA_{31}$。

(3) 增加了高 16 位数据线 $D_{16} \sim D_{31}$，可实现 32 位数据传送。

(4) 增加了 $\overline{EX_{16}}$ 和 $\overline{EX_{32}}$，分别指示系统板是按 16 位或 32 位操作。

另外，还增加了 $\overline{M/IO}$、$\overline{START}$、$\overline{CMD}$、$\overline{MACKn}$、$\overline{MREQn}$、EXRDY、$\overline{MSBURST}$、$\overline{SLBURST}$ 等信号。

11.2 习 题

1. 选择题

(1) 当前的主流微机中通常采用不含（　　）的 3 种总线标准。

A. ISA　　　　　　B. EISA　　　　　　C. PCI　　　　　　D. PC

(2) 微机系统之间或者微机系统与其他系统(仪器、仪表等)之间采用的总线标准有（　　）。

A. 片总线　　　　　B. STD 总线　　　　C. RS-232C　　　　D. EISA 总线

(3) 1994 年由 Compaq 等七大公司联合开发的计算机串行接口标准，即万能插口是（　　）。

A. USB　　　　　　B. RS-232C　　　　C. SCSI　　　　　　D. IDE

(4) 下列各项中，（　　）不是同步总线协议的特点。

A. 不需要应答信号　　　　　　　　B. 各部件间的存取时间比较接近

C. 总线长度较短　　　　　　　　　D. 总线周期长度可变

(5) 下列部件中，直接通过芯片级总线与 CPU 相连的是（　　）。

A. 键盘　　　　　　B. 磁盘驱动器　　　C. 内存　　　　　　D. 显示器

2. 填空题

(1) 早期的 ISA 总线有 _____ 个基本引脚，可传送数据线 _____ 条、地址线 _____ 条、控制线 22 条。在 16 位 CPU 出现后，ISA 总线扩展的 36 条信号线中，数据/地址线 8 条，高位地址线 7 条，控制信号线 19 条，电源和地线 2 条。

(2) PCI 属于高性能 _____ 总线，其独立于微处理器的设计，可以保证其适应微处理器的不断升级换代，并可以和 ISA 等局部总线 _____。

(3) EISA 总线是一种支持多处理器的高性能的 _____ 位标准总线。

(4) AGP(Accelerated Graphics Port)即 _____。它是一种为了提高视频带宽而设计的 _____。

(5) SCSI 是 _____。它用于计算机与磁盘机、扫描仪、通信设备和打印机等外部设备的连接。目前广泛用于微型计算机中 _____ 与硬盘和光盘的连接，成为最重要、最有潜力的新总线标准。

3. 什么是微型计算机系统总线？常见的总线结构形式有哪几种？

4. 试说明 PCI 总线的主要特点。

5. 什么是 AGP 总线？试说明 AGP 总线的主要作用。

第二部分
汇编语言程序设计实验

实验 1 程序调试实验

一、实验目的

1. 熟悉在 PC 上建立、汇编、连接 8086 汇编语言程序的过程及操作步骤。
2. 初步掌握 DEBUG 程序的功能,能够运用 DEBUG 调试较简单的程序。

二、实验设备

PC 一台,且 PC D 盘中已安装了 MASM 子目录,该子目录中包含四个文件:

EDIT. COM
MASM. EXE
LINK. EXE
DEBUG. EXE

三、实验步骤

1. 开启 PC。
2. PC 运行于 DOS 状态,且进行如下操作:

```
C: \WINDOS > CD.. ↙
C: \> D: ↙
D: \> CD MASM ↙
D: \MASM >
```

3. 编写源程序,建立 ASM 文件。

例:编写一个程序,要求比较字符串 STRING1 和 STRING2 所含字符是否相同,若相同显示'MATCH!',不同则显示'NO MATCH!'。

```
D > MASM > EDIT EX01. ASM ↙
```

在硬盘上建立以 EX01. ASM 为文件名的源文件,如下所示:

```
DATAREA   SEGMENT
STRING1   DB   'I am a teacher'
STRING2   DB   'I am a student'
YES       DB   'MATCH!',13,10,'$'
NO        DB   'NO MATCH!',13,10,'$'
DATAREA   ENDS
CODE      SEGMENT
```

```
MAIN      PROC      FAR
          ASSUME    CS: CODE,DS: DATAREA,ES: DATAREA
START:    PUSH      DS
          SUB       AX,AX
          PUSH      AX
          MOV       AX,DATAREA
          MOV       DS,AX
          MOV       ES,AX
          LEA       SI,STRING1
          LEA       DI,STRING2
          CLD
          MOV       CX,STRING2 - STRING1
          REPZ      CMPSB
          JZ        MATCH
          LEA       DX,NO
          JMP       SHORT DISP
MATCH:    LEA       DX,YES
DISP:     MOV       AH,9
          INT       21H
          RET
MAIN      ENDP
CODE      ENDS
          END       START
```

4. 用汇编程序(MASM)对源文件 EX01. ASM 进行汇编,产生目标文件 EX01. OBJ 文件。

源文件建立后,要用汇编程序对源文件进行汇编,汇编后产生二进制的目标文件(OBJ 文件),操作如下:

格式: MASM <文件名>[;]
D: \MASM > MASM EX01. ASM; ✓
Microsoft(R)Macro Assembler Version 5.00
Copyright(C)Microsoft Corp 1981 - 1985,1987. All right reserved.

51562 + 422726 Byte symbol space free
0 Warning Errors
0 Severe Errors

注意:在汇编之后有个";",是可选项,如果加上分号,就可以避免一系列的提示,并生成计算机默认的 EX01. OBJ 文件。

显示信息的最后两行是错误提示,汇编程序会提示出错的源程序所在行及出错原因,用户可以根据提示的行数,在源程序中找出错误并改正。若存在 Warning Errors,可以忽略;若存在 Severe Errors,则一定要根据显示的出错信息重新调用编辑程序修改错误,直至汇编通过为止。若调试需要用 lst 文件,则应在汇编的命令中去掉分号。

5. 用 LINK 程序,产生可执行的 EXE 文件。

汇编程序生成的二进制的目标文件并不是可执行的文件,还必须使用连接程序(LINK)把 OBJ 文件转换为可执行的 EXE 文件。其方法如下:

格式: LINK <文件名>[;]
D: \MASM > LINK EX01. OBJ ✓

```
Microsoft(R)Overlay Linker Version 3.60
Copyright(C)Microsoft Corp 1983 – 1987. All right reserved.
```

注意：在使用连接程序时，是对以 OBJ 为后缀的文件进行操作。若省略扩展名，则系统会自动在当前目录中去查找有关的 OBJ 文件。

6. 执行程序。

可以在 DOS 下直接执行程序：

```
D:\MASM > EX01 ↙
```

程序运行结束并返回 DOS。如果用户程序已经把结果在屏幕上显示出来了，那么程序运行结束时，就会在屏幕上看到结果。但是，大部分程序并没有显示出结果，另外，有些程序必须经过调试阶段才能纠正程序执行中的错误，得到正确的结果，因此必须使用 DEBUG 来调试程序。

7. 用 DEBUG 程序来调试 EX01. EXE 文件。

```
D:\MASM > DEBUG EX01.EXE ↙
```

注意：(1) 学会用 DEBUG 调试程序对上面的程序进行单步、断点、全速运行方式等调试。

(2) 掌握显示、修改寄存器或内存单元的操作。

四、思考题

通过在 PC 上建立、汇编、连接、调试程序，回答下列问题：

1. 存储器数据段中数据是如何存放的？
2. 最后的标志位 OF、SF、ZF、AF、PF、CF 的值是什么？

实验 2 顺序程序设计

一、实验目的

1. 掌握 8086 CPU 的指令系统，会用各种指令编写程序。
2. 掌握顺序程序和查表程序设计的一般方法。
3. 掌握用 DEBUG 调试程序的方法。

二、实验内容

1. 在内存 BUF1 单元中存放一有符号数，试编程判断此数的正负情况，并将正负情况存入 BUF2 单元中。
2. 求立方值。要求从键盘上输入 0～9 中的任一个自然数，求其立方值。

三、实验步骤

1. 将编好的程序输入微机。
2. 调试并运行程序，检查结果是否正确；若达不到程序设计要求，则修改程序，直至满足要求。
3. 记录数据及结果，并分析编程中存在的问题及解决方法。

四、参考程序

1. 有符号数的最高位是符号位，只要判断最高位即可判断其正负情况。

参考程序如下：

```
DATA      SEGMENT
BUF1      DB   0F6H ;有符号数存放在 BUF1 中
BUF2      DB   ?
DATA      ENDS
PROGRAM   SEGMENT
          ASSUME  CS: PROGRAM,DS: DATA
START:    MOV  AX,DATA
          MOV  DS,AX
          MOV  BX,OFFSET BUF1
          MOV  DI,OFFSET BUF2
          MOV  AH,[BX]
          OR   AH,AH
          JZ   ZERO
```

```
            JL    MINUS
            MOV   AH,01H
            JMP   ASSIGN
ZERO:       MOV   AH,00H
            JMP   ASSIGN
MINUS:      MOV   AH,0FFH
ASSIGN:     MOV   [DI],AH
PROGRAM   ENDS
            END   START
```

2. 求一个数的立方值可以用乘法运算实现,也可以造一个立方表,运行时用查表法实现。在数据段定义两个变量:字节变量 X 中存放输入的自然数,字变量 XXX 中存放该数的立方值;同时定义首地址为 TAB 的立方表,如表 2.2.1 所示。从表的结构可知,X 的立方值在表中的存放地址与 X 的关系是:$(TAB+2\times X)=X^3$。用 1 号调用从键盘得到数字的 ASCII 码值,将其转换为真值,然后用上述关系式求立方值,并将立方值的十六进制数转换成对应的十进制数,用 2 号调用在显示器上显示出来。

表 2.2.1 立方表

TAB	0 的立方值
	1 的立方值
	2 的立方值
	⋮
	9 的立方值

参考程序如下:

```
DATA       SEGMENT
INPUT      DB    'PLEASE INPUT X(0~9): $ '
RESULT     DB    'THE RESULT IS $ '
TAB        DW    0,1,8,27,64,125,216,343,512,729
X          DB    ?
XXX        DW    ?
DATA       ENDS
PROGRAM    SEGMENT
MAIN       PROC  FAR
           ASSUME  CS: PROGRAM,DS: DATA
START:     PUSH  DS
           SUB   AX,AX
           PUSH  AX
           MOV   AX,DATA
           MOV   DS,AX
           MOV   DX,OFFSET INPUT
           MOV   AH,9
           INT   21H
           MOV   AH,1
           INT   21H
           AND   AL,0FH
           MOV   X,AL
           ADD   AL,AL
           MOV   BL,AL
           MOV   BH,0
           MOV   AX,TAB[BX]
           MOV   XXX,AX
           MOV   DX,OFFSET RESULT
           MOV   AH,9
```

```
            INT     21H
            MOV     AX,XXX
            MOV     BL,100
            DIV     BL
            ADD     AL,30H
            MOV     DL,AL
            MOV     CL,AH
            MOV     AH,2
            INT     21H
            MOV     AL,CL
            MOV     AH,0
            MOV     BL,10
            DIV     BL
            ADD     AL,30H
            MOV     DL,AL
            MOV     CL,AH
            MOV     AH,2
            INT     21H
            MOV     DL,CL
            ADD     DL,30H
            MOV     AH,2
            INT     21H
            RET
MAIN        ENDP
PROGRAM     ENDS
            END     START
```

五、思考题

参考程序 1 中 OR AH,AH 语句能否省去？为什么？

分支和循环程序设计

一、实验目的

1. 掌握分支程序和循环程序设计的一般方法。
2. 能熟练运用转移指令实现分支。
3. 能熟练运用转移指令和循环指令实现循环；掌握循环计数器 CX 的使用方法。

二、实验内容

1. 对从键盘输入的字符进行区分,若输入的是小写字母,则应转换成大写字母输出;其他字符原样输出。

2. 二进制转换为十六进制,并把 BX 寄存器内的二进制数用十六进制的形式在屏幕上显示出来。

三、实验步骤

与实验 2 相同。

四、参考程序

1. 用分支程序结构来设计。首先要判断输入的字符是否是小写字母,若是,则要转换,否则不转换。小写字母和大写字母的 ASCII 码相差 20H,把小写字母的 ASCII 码减 20H 就转换为大写字母的 ASCII 码值,用 2 号 DOS 功能调用输出该字符。参考程序如下:

```
PROGRAM  SEGMENT
MAIN     PROC FAR
         ASSUME  CS: PROGRAM
START:   PUSH    DS
         SUB     AX, AX
         PUSH    AX
         MOV     AH, 1
         INT     21H
         CMP     AL, 'A'
         JB      STOP
         CMP     AL, 'Z'
         JA      STOP
         SUB     AL, 20H
STOP:    MOV     DL, AL
         MOV     AH, 2
```

```
            INT     21H
            RET
MAIN        ENDP
PROGRAM     ENDS
            END     START
```

2. 用循环程序结构来设计。把 BX 的内容从左到右每四位为一组在屏幕上显示出来。每次循环显示一个十六进制数,BX 为 16 位,要循环四次。循环体中应包括从二进制数到所显示字符的 ASCII 码之间的转换以及每个字符的显示,后者可以用 DOS 功能调用实现。可用循环移位的方法把要显示的 4 位二进制数移到最右面,进行从数字到字符的转换。十六进制数用 0~9、A~F 表示,所以,如果数字大于 9,应该转换成 A~F 的字母,ASCII 码值需要加 07H。

参考程序如下:

```
PROGRAM     SEGMENT
MAIN        PROC    FAR
            ASSUME  CS: PROGRAM
START:      PUSH    DS
            SUB     AX,AX
            PUSH    AX
            MOV     CH,4         ; 设置循环次数
ROTATE:     MOV     CL,4         ; 每次移位 4 位
            ROL     BX,CL        ; 把 BX 的高 4 位移到最右边
            MOV     AL,BL
            AND     AL,0FH       ; 利用 AL 得到 BX 的高 4 位
            ADD     AL,30H       ; 转换为 ASCII
            CMP     AL,3AH
            JL      OUTIT        ; 若是 0~9 的 ASCII 码,则转到输出
            ADD     AL,07H
OUTIT:      MOV     DL,AL        ; 输出十六进制数
            MOV     AH,2
            INT     21H
            DEC     CH           ; 循环
            JNZ     ROTATE
            RET
MAIN        ENDP
PROGRAM     ENDS
            END     START
```

五、思考题

1. 如何实现多分支结构?

2. 参考程序 2 中如采用 LOOP 语句应如何实现?

实验 4 子程序设计

一、实验目的

1. 掌握子程序的设计思想和方法。
2. 能熟练运用过程的思想构造子程序模块。
3. 熟练掌握子程序指令。

二、实验内容

1. 统计某个数组中负元素的个数。有两个字数组 BUFA 和 BUFB,统计各数组中负元素的个数,放入字节单元 A、B 中。统计数组中负元素的个数用子程序实现。

2. 编写计算 $N!(N \geqslant 0)$ 的程序。

$$N! = N \times (N-1) \times (N-2) \cdots \times 1$$

其递归定义如下:

$$0! = 1$$
$$N! = N \times (N-1)! \quad (N > 0)$$

三、实验步骤

与实验 2 相同。

四、参考程序

1. 两个数组要统计其中负元素的个数,可以采用子程序结构实现,每个数组的操作都只要调用一次子程序就行,每次调用计数值都要清零,否则会出错。可以采用寄存器在主程序和子程序之间传递参数。子程序的参数如下:

入口参数: SI,数组首地址

CX,数组中负元素的个数

AX,存放当前处理的数

参考程序如下:

```
DATA    SEGMENT
BUFA    DW      23, -155,23,40, -8, -45,9
NA      DW      ($ - BUFA)/2
BUFB    DW      73, -10, -130, -231, -4,56, -15
NB      DW      ($ - BUFB)/2
A       DB      ?
```

```
B          DB       ?
DATA       ENDS
PROGRAM    SEGMENT
MAIN       PROC     FAR
           ASSUME   CS: PROGRAM,DS: DATA
START:     PUSH     DS
           SUB      AX,AX
           PUSH     AX
           MOV      AX,DATA
           MOV      DS,AX
           LEA      SI,BUFA
           MOV      CX,NA
           CALL     STK
           MOV      AL,DL
           LEA      SI,BUFB
           MOV      CX,NB
           CALL     STK
           MOV      BL,DL
           RET
MAIN       ENDP
STK        PROC     NEAR
           PUSH     AX
           MOV      DL,0
LOP:       MOV      AX,[SI]
           CMP      AX,0
           JNL      NEXT
           INC      DL
NEXT:      ADD      SI,2
           LOOP     LOP
           POP      AX
           RET
STK        ENDP
PROGRAM    ENDS
           END      START
```

2. 一个子程序中也可以调用另一个子程序,这称为子程序嵌套。如果子程序调用的子程序就是它自身,则称为递归调用。

本题可用递归定义来设计程序。$N!$ 本身是一个子程序,根据前面的公式可知,为了求 $(N-1)!$,要递归调用求 $N!$ 的子程序。为了保证每次调用都不破坏以前调用时所用到的参数和中间结果,用堆栈保存调用的参数和中间结果。参考程序如下:

```
DATA       SEGMENT
N_V        DW   ?                    ; 保存要求的 N! 的 N
RELT       DW   ?                    ; 保存 N! 的结果
DATA       ENDS
SSEG       SEGMENT  STACK
           DW   128 DUP(?)
TOS        LABEL  WORD
```

```
SSEG      ENDS
CODE1     SEGMENT
MAIN      PROC  FAR
          ASSUME  DS: DATA,CS: CODE1,SS: SSEG
START:    MOV   AX,SSEG                    ; 设置堆栈段和堆栈指针 SP
          MOV   SS,AX
          MOV   SP,OFFSET TOS
          PUSH  DS
          SUB   AX,AX
          PUSH  AX
          MOV   AX,DATA
          MOV   DS,AX
          MOV   BX,OFFSET RELT             ; 入栈保存 RELT 的地址
          PUSH  BX
          MOV   BX,N_V                     ; 入栈保存 N 的值
          PUSH  BX
          CALL  FAR PTR FACT               ; 调用求阶乘子程序,段间调用
          RET
MAIN      ENDP
CODE1     ENDS
CODE      SEGMENT
FRAME     STRUC                            ; 定义一个数据结构
SAVEBP    DW    ?                          ; 存放 BP
SAVECSIP  DW    2 DUP(?)                   ; 存放 CS,IP
N         DW    ?                          ; 存放 N!中的 N
RLT       DW    ?                          ; 存放 N!的结果的地址
FRAME     ENDS
          ASSUME  CS: CODE
FACT      PROC  FAR                        ; 定义子程序 FACT,求 N!
          PUSH  BP                         ; 保护现场,BP 入栈
          MOV   BP,SP                      ; 使 BP 指向 FRAME
          PUSH  BX
          PUSH  AX
          MOV   BX,[BP].RLT                ; 把保存结果的地址送 BX
          MOV   AX,[BP].N                  ; N 送 AX
          CMP   AX,0                       ; 判断 N = 0
          JE    DONE
          PUSH  BX                         ; 为下一次调用做准备: RLT 地址入栈
          DEC   AX                         ; 求(N-1)!,先保存(N-1)
          PUSH  AX
          CALL  FAR PTR FACT               ; 递归调用
          MOV   BX,[BP].RLT
          MOV   AX,[BX]                    ; (AX) = N * RLT
          MUL   [BP].N
          JMP   SHORT RETURN
DONE:     MOV   AX,1                       ; (AX) = 1
RETURN:   MOV   [BX],AX                    ; RLT = (AX)
          POP   AX
```

子程序设计

```
                POP     BX
                POP     BP
                RET     4                    ; 返回
        FACT    ENDP                         ; 子程序 FACT 结束
        CODE    ENDS
                END     START
```

五、思考题

参考程序 2 中堆栈进栈的情况如何? 进栈后 SP 应为多少?

第三部分
硬件实验

实验 1 | 简单并行接口

一、实验目的

掌握简单并行接口的工作原理及使用方法。

二、基础实验

1. 实验内容

(1) 按图 3.1.1 所示的简单并行输出接口电路图连接线路,74LS273 为八 D 触发器,8 个 D 输入端分别接数据总线 $D_7 \sim D_0$,8 个 Q 输出端接 LED 显示电路 $L_7 \sim L_0$。

编程从键盘输入一个字符或数字,将其 ASCII 码通过输出接口输出,根据 8 个发光二极管发光情况验证正确性。

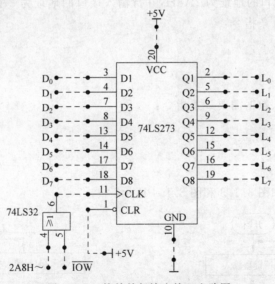

图 3.1.1 简单并行输出接口电路图

(2) 按图 3.1.2 所示的简单并行输入接口电路图连接线路,74LS244 为八输入缓冲器,8 个数据输入端分别接逻辑电平开关 $K_7 \sim K_0$,8 个数据输出端分别接 CPU 数据总线 $D_7 \sim D_0$。

用逻辑电平开关预置某个字母的 ASCII 码,编程输入这个 ASCII 码,并将其对应字母在屏幕上显示出来。

2. 编程提示

(1) 开关 $K_7 \sim K_0$ 向上拨到 1 位置时,开关断开,输出高电平;向下拨到 0 位置时,开关接通,输出低电平。

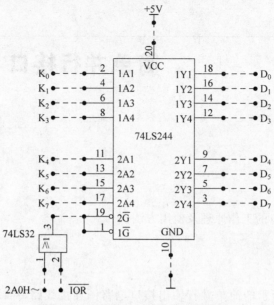

图 3.1.2　简单并行输入接口电路图

（2）LED 显示电路 $L_7 \sim L_0$，当输入信号为 1 时发光，为 0 时熄灭。

（3）设并行输出接口的地址为 2A8H，并行输入接口的地址为 2A0H，通过上述并行接口电路输出数据需要 3 条指令：

```
MOV  AL,数据
MOV  DX,2A8H
OUT  DX,AL
```

通过上述并行接口输入数据需要 2 条指令：

```
MOV  DX,2A0H
IN   AL,DX
```

3. 参考流程图

参考流程图分别如图 3.1.3 和图 3.1.4 所示。

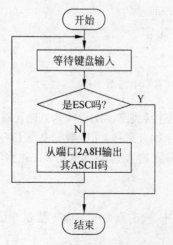

图 3.1.3　简单并行输出接口流程图

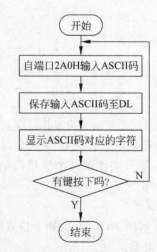

图 3.1.4　简单并行输入接口流程图

4. 参考程序

(1) 简单并行输出接口参考程序：

```
    CODE    SEGMENT
            ASSUME  CS: CODE
START:      MOV     AH,2
            MOV     DL,0DH          ; 回车符
            INT     21H
            MOV     AH,1            ; 等待键盘输入
            INT     21H
            CMP     AL,27           ; 判断是否为 ESC 键
            JE      EXIT            ; 若是则退出
            MOV     DX,2A8H         ; 若不是,从 2A8H 输出其 ASCII 码
            OUT     DX,AL
            JMP     START
EXIT:       MOV     AH,4CH          ; 返回 DOS
            INT     21H
    CODE    ENDS
            END     START
```

(2) 简单并行输入接口参考程序：

```
    CODE    SEGMENT
            ASSUME  CS: CODE
START:      MOV     DX,2A0H         ; 从 2A0H 输入一数据
            IN      AL,DX
            MOV     DL,AL           ; 将所读数据保存在 DL 中
            MOV     AH,02
            INT     21H
            MOV     DL,0DH          ; 显示回车符
            INT     21H
            MOV     DL,0AH          ; 显示换行符
            INT     21H
            MOV     AH,06           ; 判断是否有键按下
            MOV     DL,0FFH
            INT     21H
            JNZ     EXIT
            JE      START           ; 若无,则转 START
EXIT:       MOV     AH,4CH          ; 返回 DOS
            INT     21H
    CODE    ENDS
            END     START
```

三、提高实验

1. 实验内容

如图 3.1.5 所示,利用电平开关 $K_7 \sim K_0$ 预置数值,通过 74LS244 读入该开关值,并通过 74LS273 将此数值输出到发光二极管 $L_7 \sim L_0$,控制其发光。

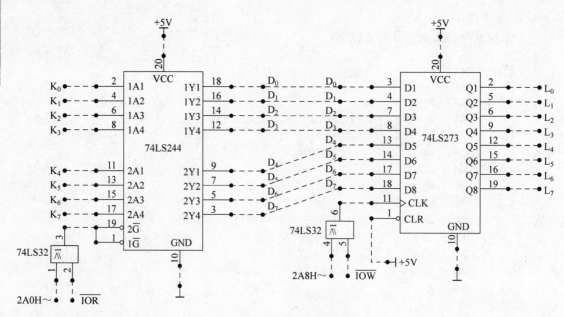

图 3.1.5　提高实验连线图

本实验要求开关闭合,对应的发光二极管点亮,通过发光二极管状态验证输入和输出的正确性。

2. 编程提示

开关 $K_7 \sim K_0$ 向上拨到 1 位置时开关断开,输出高电平,向下拨到 0 位置时开关接通,输出低电平。

3. 参考流程图

参考流程如图 3.1.6 所示。

四、思考题

1. 上述实验采用何种输入/输出方式? 能否用查询方式实现?

2. 如果要求实现开关断开指示灯发亮,开关闭合指示灯熄灭,应如何处理?

3. 图 3.1.5 中如果不使用 74LS32 芯片,能否实现输入/输出功能?

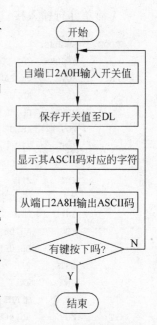

图 3.1.6　参考流程图

实验 2 可编程并行接口 8255A

一、实验目的

掌握可编程并行接口 8255A 的工作原理及使用方法。

二、基础实验

1. 实验内容

按图 3.2.1 连接线路,8255A 的 C 口接逻辑电平开关 $K_7 \sim K_0$,A 口接发光二极管 $L_7 \sim L_0$。编程从 8255A 的 C 口读入开关量,再从 A 口输出,控制发光二极管发光。通过发光二极管和开关的状态验证输入和输出的正确性。

2. 编程提示

8255A 设为方式 0,A 口为输出方式,C 口为输入方式;A 口地址设为 288H,C 口地址设为 28AH,控制口地址为 28BH。

3. 参考流程图

参考流程如图 3.2.2 所示。

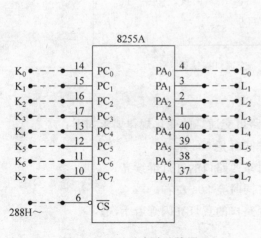

图 3.2.1　基础实验连线图

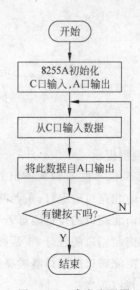

图 3.2.2　参考流程图

4. 参考程序

```
CODE    SEGMENT
        ASSUME  CS:CODE
START:  MOV     DX,28BH         ; 设 8255A 的方式为 C 口输入,A 口输出
        MOV     AL,8BH
        OUT     DX,AL
INOUT:  MOV     DX,28AH         ; 从 C 口输入一数据
        IN      AL,DX
        MOV     DX,288H         ; 从 A 口输出刚才自 C 口输入的数据
        OUT     DX,AL
        MOV     DL,0FFH         ; 判断是否有键按下
        MOV     AH,06H
        INT     21H
        JZ      INOUT           ; 若无,则继续自 C 口输入,A 口输出
        MOV     AH,4CH          ; 否则返回 DOS
        INT     21H
CODE    ENDS
        END     START
```

三、提高实验

1. 实验内容

如图 3.2.3 所示,L_7、L_6、L_5 作为南北路口的交通灯与 PC_7、PC_6、PC_5 相连,L_2、L_1、L_0 作为东西路口的交通灯与 PC_2、PC_1、PC_0 相连,编程实现 6 个指示灯按交通灯变化规律亮与灭。

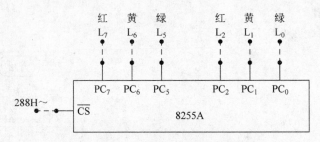

图 3.2.3　交通灯连线图

2. 编程提示

设置 8255A 的 C 口为输出方式,十字路口交通灯的变化规律要求如下:

(1) 南北路口的绿灯、东西路口的红灯同时亮 30s 左右;

(2) 南北路口的黄灯闪烁若干次,同时东西路口的红灯继续亮;

(3) 南北路口的红灯、东西路口的绿灯同时亮 30s 左右;

(4) 南北路口的红灯继续亮,同时东西路口的黄灯亮闪烁若干次;

(5) 转(1)。

3. 参考流程图

参考流程如图 3.2.4 所示。

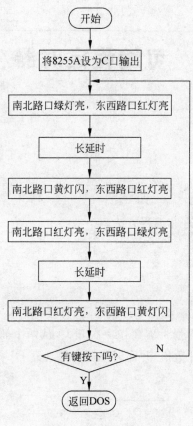

图 3.2.4　参考流程图

四、思考题

1. 交通灯实验中,8255A 的 C 口采用了哪种工作方式?

2. 交通灯实验中,通过 C 口输出和通过 A 口输出有何区别? 哪种方法更优?

实验 3　可编程定时器/计数器

一、实验目的

掌握 8253 的基本工作原理和编程方法。

二、基础实验

1. 实验内容

(1) 实现一个计数器。按图 3.3.1 连接电路,将计数器 0 设置为方式 0,计数器初值为 $N(N \leqslant 0FH)$,手动逐个输入单脉冲。每按一次开关,从两个插座上分别输出一个正脉冲和负脉冲。编程在屏幕上显示计数值,并同时用逻辑笔观察 OUT_0 的电平变化(当输入 $N+1$ 个脉冲后 OUT_0 变为低电平)。

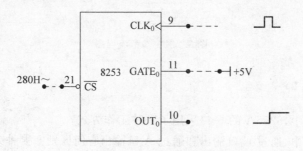

图 3.3.1　计数器连线图

(2) 实现一个定时器。按图 3.3.2 连接电路,将计数器 0、计数器 1 设置为方式 3,计数初值设为 1000,计数频率为 1MHz。用逻辑笔观察 OUT_1 输出电平的变化。

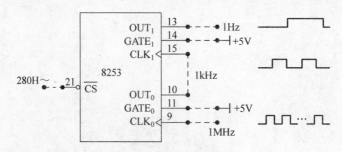

图 3.3.2　定时器连线图

2. 编程提示

8253 控制寄存器地址	283H
计数器 0 地址	280H
计数器 1 地址	281H

计数器实验中,计数器 0 设为方式 0,读取计数值之前需向计数器发锁存命令。定时器实验中,采用计数器 0 和计数器 1 相级连的方法。

3. 参考流程图

计数器和定时器参考流程分别如图 3.3.3 和图 3.3.4 所示。

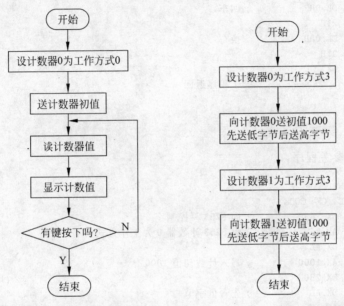

图 3.3.3　计数器参考流程图　　　图 3.3.4　定时器参考流程图

4. 参考程序

（1）计数器参考程序：

```
CODE    SEGMENT
        ASSUME  CS: CODE
START:  MOV    AL,10H          ; 设置 8253 通道 0 为工作方式 0,二进制计数
        MOV    DX,283H
        OUT    DX,AL
        MOV    DX,280H         ; 送计数初值为 0FH
        MOV    AL,0FH
        OUT    DX,AL
LLL:    IN     AL,DX           ; 读计数初值
        CALL   DISP            ; 调显示子程序
        PUSH   DX
        MOV    AH,06H
        MOV    DL,0FFH
        INT    21H
        POP    DX
        JZ     LLL
        MOV    AH,4CH          ; 返回 DOS
```

```
              INT   21H
DISP   PROC   NEAR                ; 显示子程序
       PUSH   DX
       AND    AL, 0FH             ; 首先取低四位
       MOV    DL, AL
       CMP    DL, 9               ; 判断是否 <= 9?
       JLE    NUM                 ; 若是则为'0'～'9', ASCII 码加 30H
       ADD    DL, 7               ; 否则为'A'～'F', ASCII 码加 37H
NUM:   ADD    DL, 30H
       MOV    AH, 02H             ; 显示字符
       INT    21H
       MOV    DL, 0DH             ; 回车
       INT    21H
       MOV    DL, 0AH             ; 换行
       INT    21H
       POP    DX
       RET                        ; 子程序返回
DISP   ENDP
CODE   ENDS
       END    START
```

(2) 定时器参考程序:

```
CODE    SEGMENT
        ASSUME  CS: CODE
START:  MOV   DX, 283H           ; 向 8253 写控制字
        MOV   AL, 36H            ; 设 8253 计数器 0 为工作方式 3
        OUT   DX, AL
        MOV   AX, 1000           ; 写入计数初值 1000
        MOV   DX, 280H
        OUT   DX, AL             ; 先写低字节
        MOV   AL, AH
        OUT   DX, AL             ; 后写高字节
        MOV   DX, 283H
        MOV   AL, 76H            ; 设 8253 计数器 1 为工作方式 3
        OUT   DX, AL
        MOV   AX, 1000           ; 写入计数初值 1000
        MOV   DX, 281H
        OUT   DX, AL             ; 先写低字节
        MOV   AL, AH
        OUT   DX, AL             ; 后写高字节
        MOV   AH, 4CH            ; 返回 DOS
        INT   21H
CODE    ENDS
        END   START
```

三、提高实验

1. 实验内容

利用微机控制直流继电器。实验电路如图 3.3.5 所示, CLK_0 接 1MHz, $GATE_0$、$GATE_1$ 接 +5V, OUT_0 接 CLK_1, OUT_1 接 PA_0, PC_0 接继电器驱动电路的开关输入端 I_K, 继电器输出插头接实验盒上的继电器插头。编程使用 8253 定时, 让继电器周而复始地闭合

5s,指示灯亮；断开 5s,指示灯灭。

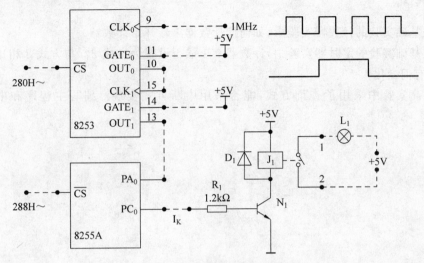

图 3.3.5   提高实验连线图

2. 编程提示

将 8253 计数器 0 设置为方式 3、计数器 1 设置为方式 0,两者串联使用。CLK_0 接 1MHz 时钟,设置两个计数器的初值(乘积为 5000000),启动计数器工作后,经过 5s OUT_1 输出高电平。通过 8255A 的 PA_0 查询 OUT_1 的输出电平,用 PC_0 输出控制继电器动作。继电器开关量输入 1 时,继电器常开触点闭合,电路接通,指示灯亮；输入 0 时继电器触点断开,指示灯熄灭。

3. 参考流程图

参考流程如图 3.3.6 所示。

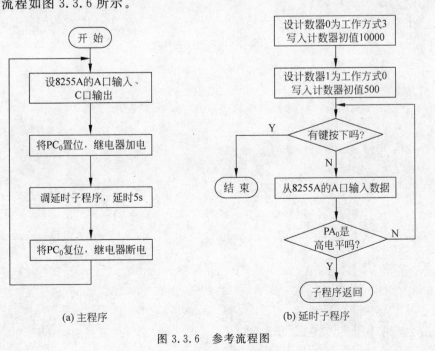

(a) 主程序   (b) 延时子程序

图 3.3.6   参考流程图

四、思考题

1. 在基础实验的计数器实验中,如何使计数器重新开始计数?

2. 在基础实验的定时器实验中,计数器 0、1 能否设置为方式 2? 与方式 3 相比,OUT_1 输出电平有何变化?

3. 提高实验中采用了查询方式,能否采用中断方式实现? 编写主程序和中断服务程序。

实验 4　　　　中　　断

一、实验目的

1. 掌握 PC 中断处理系统的基本原理。
2. 学会编写中断服务程序。

二、基础实验

1. 实验内容

PC 用户可使用的硬件中断只有可屏蔽中断,由 8259A 中断控制器管理。中断控制器用于接收外部的中断请求信号,经过优先级判别等处理后向 CPU 发出可屏蔽中断请求。IBM-PC、PC/XT 内有一片 8259A 中断控制器对外提供 8 个中断源。

中断源	中断类型号	中断功能
IRQ_0	08H	时钟
IRQ_1	09H	键盘
IRQ_2	0AH	保留
IRQ_3	0BH	串行口 2
IRQ_4	0CH	串行口 1
IRQ_5	0DH	硬盘
IRQ_6	0EH	软盘
IRQ_7	0FH	并行打印机

8 个中断源的中断请求信号线 $IRQ_0 \sim IRQ_7$ 在主机的插座中引出,假设系统已设定中断请求信号为"边沿触发",普通结束方式。对于 286 以上的微机系统又扩展了一片 8259A 中断控制器,IRQ_2 用于两片 8259A 之间的级连,考虑到仪器通用性,一般在仪器接口卡上设有一个跳线开关,选择 IRQ_2、IRQ_3、IRQ_4、IRQ_7 引到实验台上的 IRQ 插座上。

本实验直接以手动产生单脉冲作为中断请求信号,只需连接一根导线,即用总线的 IRQ 中断请求输入端与实验台的单脉冲直接相连。要求每按一次开关产生一次中断,在屏幕上显示一次 THIS IS A IRQ7 INTRUPT!,中断 10 次后程序退出。

2. 编程提示

(1) PC 中断控制器 8259A 的地址设置为 20H、21H,中断请求信号设置为 IRQ_7,编程时要根据中断类型号设置中断向量。

(2) 初始化时,8259A 的中断屏蔽寄存器 IMR 对应位要清零,允许中断;中断结束返回

DOS 时,要将 IMR 对应位置 1,关闭中断。

(3) 中断服务结束返回前要使用中断结束命令:

```
MOV   AL,20H
OUT   20H,AL
```

3. 参考流程图

参考流程如图 3.4.1 所示。

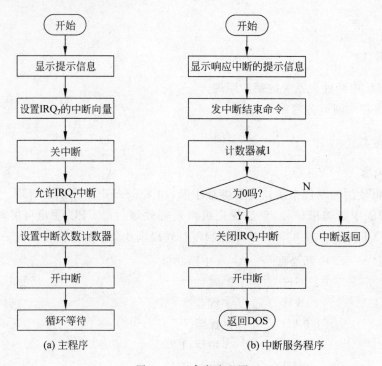

(a) 主程序   (b) 中断服务程序

图 3.4.1 参考流程图

4. 参考程序

```
DATA    SEGMENT
MESS    DB  'THIS IS A IRQ₇ INTRUPT!',0AH,0DH,'$'
DATA    ENDS
CODE    SEGMENT
        ASSUME  CS: CODE,DS: DATA
START:  MOV   AX,CS
        MOV   DS,AX
        MOV   DX,OFFSET  INT7
        MOV   AX,250FH
        INT   21H            ;设中断源 IRQ₇ 的类型号为 0FH
        CLI                  ;清中断允许位
        IN    AL,21H         ;读中断屏蔽寄存器
        AND   AL,7FH         ;开放 IRQ₇ 中断
        OUT   21H,AL
        MOV   CX,10          ;设中断循环次数为 10 次
        STI                  ;置中断允许位
```

```
LL:     JMP   LL
INT7:   MOV   AX,DATA        ; 中断服务程序
        MOV   DS,AX
        MOV   DX,OFFSET  MESS
        MOV   AH,09          ; 显示每次中断的提示信息
        INT   21H
        MOV   AL,20H
        OUT   20H,AL         ; 发正常中断结束 EOI 命令
        LOOP  NEXT
        IN    AL,21H
        OR    AL,80H         ; 关闭 IRQ₇ 中断
        OUT   21H,AL
        STI                  ; 置中断允许位
        MOV   AH,4CH         ; 返回 DOS
        INT   21H
NEXT:   IRET
CODE    ENDS
        END   START
```

三、提高实验

1. 实验内容

(1) 按图 3.4.2(a)所示 8255A 方式 1 的输出电路连好线路,编程实现每按一次单脉冲按钮产生一次中断请求,使 CPU 进行一次中断服务,依次输出 01H、02H、04H、08H、10H、20H、40H、80H,使 $L_7 \sim L_0$ 依次发光,中断 8 次后结束。

(2) 按图 3.4.2(b)所示 8255A 方式 1 的输入电路连好线路,编程实现每按一次单脉冲按钮产生一次中断请求,使 CPU 进行一次中断服务,读取逻辑电平开关预置的 ASCII 码,在屏幕上显示其对应的字符,中断 8 次后结束。

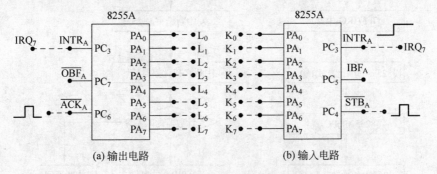

图 3.4.2　提高实验连线图

2. 编程提示

8255A 采用 A 口方式 1 输入时,3 个控制信号 $\overline{STB_A}$、IBF_A、$INTR_A$ 分别连 PC_4、PC_5、PC_3;而采用 A 口方式 1 输出时,3 个控制信号 $\overline{OBF_A}$、$\overline{ACK_A}$、$INTR_A$ 分别连 PC_7、PC_6、PC_3。

3. 参考流程图

参考流程分别如图 3.4.3 和图 3.4.4 所示。

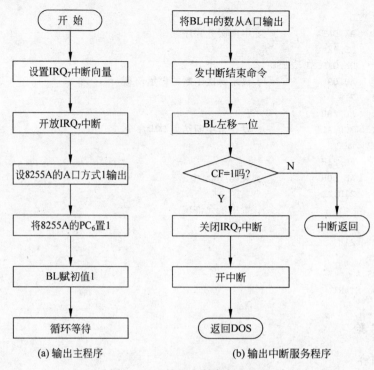

(a) 输出主程序   (b) 输出中断服务程序

图 3.4.3   输出中断参考流程图

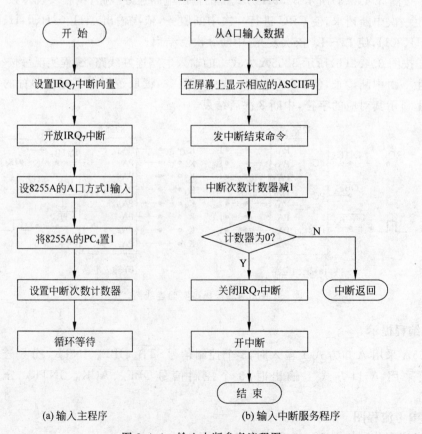

(a) 输入主程序   (b) 输入中断服务程序

图 3.4.4   输入中断参考流程图

四、思考题

1. 实验中是否可以采用连续脉冲信号作为中断请求信号？
2. 分析 IMR 何时为 0？何时为 1？
3. 若中断请求信号设置为 IRQ_2，程序应如何改动？

实验 5　七段 LED 显示器

一、实验目的

掌握七段 LED 显示器显示数字的原理。

二、基础实验

1. 实验内容

(1) 静态显示实验：按图 3.5.1 连接好电路，将 8255A 的 $PA_0 \sim PA_6$ 分别与 LED 显示器的七段发光管 a～g 相连，位码驱动输入端 S_1 接 +5V(选中)，S_0、dp 接地(关闭)，编程从键盘输入一位十进制数字(0～9)，在七段 LED 显示器上显示出来。

(2) 动态显示实验：按图 3.5.2 连接好电路，七段 LED 显示器的段码连接不变，位码驱动输入端 S_1、S_0 接 8255A 的 PC_1、PC_0，编程实现在两个 LED 显示器上循环显示 00～99。

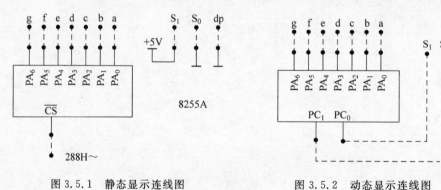

图 3.5.1　静态显示连线图　　　　图 3.5.2　动态显示连线图

2. 编程提示

(1) 设七段 LED 显示器采用共阴极，段码采用同相驱动，输入高电平有效，当某段处于高电平时，则发光；位码采用反相驱动器，位码输入端高电平选中，当某位为高电平时，此位 LED 显示器显示字符。从段码与位码的驱动器输入端(段码输入端为 a、b、c、d、e、f、g、dp，位码输入端为 S_1、S_0)输入不同的代码即可在不同的位置显示不同的数字或符号。

图 3.5.3　七段 LED 器件

(2) 七段 LED 器件如图 3.5.3 所示。

(3) 七段 LED 显示器的字形代码(段码)表如表 3.5.1 所示。

表 3.5.1　七段 LED 显示器的段码表

显示字形	g	e	f	d	c	b	a	段码
0	0	1	1	1	1	1	1	3FH
1	0	0	0	0	1	1	0	06H
2	1	0	1	1	0	1	1	5BH
3	1	0	0	1	1	1	1	4FH
4	1	1	0	0	1	1	0	66H
5	1	1	0	1	1	0	1	6DH
6	1	1	1	1	1	0	1	7DH
7	0	0	0	0	1	1	1	07H
8	1	1	1	1	1	1	1	7FH
9	1	1	0	1	1	1	1	6FH

3. 参考流程图

参考流程如图 3.5.4 所示。

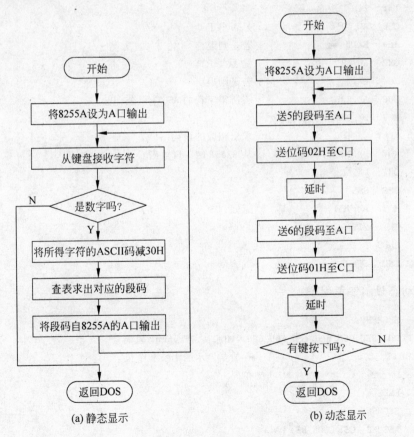

(a) 静态显示　　　(b) 动态显示

图 3.5.4　参考流程图

4. 参考程序

（1）静态显示参考程序：

```
DATA    SEGMENT
LED     DB   3FH,06H,5BH,4FH,66H,6DH,7DH,07H,7FH,6FH
MESG1   DB   0DH,0AH,'INPUT A NUM (0~9): ',0DH,0AH,'$ '
DATA    ENDS
CODE    SEGMENT
        ASSUME CS: CODE,DS: DATA
START:  MOV    AX,DATA
        MOV    DS,AX
        MOV    DX,28BH          ; 设 8255A 的 A 口为输出方式
        MOV    AX,80H
        OUT    DX,AL
SSS:    MOV    DX,OFFSET MESG1  ; 显示提示信息
        MOV    AH,09H
        INT    21H
        MOV    AH,01            ; 从键盘接收字符
        INT    21H
        CMP    AL,'0'           ; 是否小于 0
        JL     EXIT             ; 若是则退出
        CMP    AL,'9'           ; 是否大于 9
        JG     EXIT             ; 若是则退出
        SUB    AL,30H           ; 将所得字符的 ASCII 码减 30H
        MOV    BX,OFFSET  LED
        XLAT                    ; 求出相应的段码
        MOV    DX,288H          ; 从 8255A 的 A 口输出
        OUT    DX,AL
        JMP    SSS
EXIT:   MOV    AH,4CH           ; 返回 DOS
        INT    21H
CODE    ENDS
        END  START
```

（2）动态显示参考程序：

```
DATA    SEGMENT
LED     DB   3FH,06H,5BH,4FH,66H,6DH,7DH,07H,7FH,6FH; 段码
BUFFER1 DB   5,6                ; 存放要显示的十位和个位
BZ      DW   ?                  ; 位码
DATA    ENDS
CODE    SEGMENT
        ASSUME CS: CODE,DS: DATA
START:  MOV    AX,DATA
        MOV    DS,AX
        MOV    DX,28BH          ; 将 8255A 设为 A 口输出
```

```
        MOV     AL,80H
        OUT     DX,AL
        MOV     DI,OFFSET BUFFER1    ; 设 DI 为显示缓冲区
LOOP1:  MOV     CX,0300H             ; 设循环次数
LOOP2:  MOV     BH,02
LLL:    MOV     BYTE PTR BZ,BH
        PUSH    DI
        DEC     DI
        ADD     DI,BZ
        MOV     BL,[DI]              ; BL 为要显示的数
        POP     DI
        MOV     BH,0
        MOV     SI,OFFSET LED        ; 置 LED 段码表偏移地址为 SI
        ADD     SI,BX                ; 求出对应的 LED 数码
        MOV     AL,BYTE PTR [SI]
        MOV     DX,288H              ; 自 8255A 的 A 口输出
        OUT     DX,AL
        MOV     AL,BYTE PTR BZ       ; 使相应的发光管亮
        MOV     DX,28AH
        OUT     DX,AL
        PUSH    CX
        MOV     CX,3000
DELAY:  LOOP    DELAY                ; 延时
        POP     CX
        MOV     BH,BYTE PTR BZ
        SHR     BH,1
        JNZ     LLL
        LOOP    LOOP2                ; 循环延时
        MOV     AX,WORD PTR [DI]
        CMP     AH,09
        JNZ     SET
        CMP     AL,09
        JNZ     SET
        MOV     AX,0000
        MOV     [DI],AL
        MOV     [DI+1],AH
        JMP     LOOP1
SET:    MOV     DX,0FFH
        MOV     AH,06
        INT     21H
        JNE     EXIT                 ; 有键按下则转 EXIT
        MOV     AX,WORD PTR [DI]
        INC     AL
        AAA
        MOV     [DI],AL              ; AL 中为十位
```

```
        MOV   [DI + 1],AH        ; AH 中为个位
        JMP   LOOP1
EXIT:   MOV   DX,28AH
        MOV   AL,0               ; 关掉 LED 显示
        OUT   DX,AL
        MOV   AH,4CH             ; 返回 DOS
        INT   21H
CODE    ENDS
        END   START
```

三、提高实验

1. 实验内容

利用微机实现一个竞赛抢答器。图 3.5.5 所示为模拟竞赛抢答器的原理图,逻辑开关 $K_0 \sim K_7$ 代表竞赛抢答器的按钮 0～7 号,当某个逻辑电平开关置 1 时,相当于某组抢答按钮按下,在七段数码管上将其组号(0～7)显示出来,并使扬声器响一下。

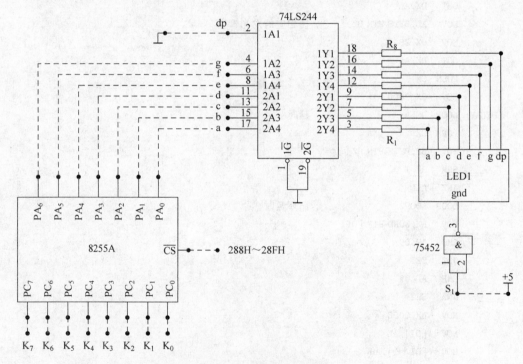

图 3.5.5 提高实验原理图

2. 编程提示

设置 8255A 为 C 口输入、A 口输出。读取 C 口数据,若为 0 表示无人抢答,若不为 0 则表示有人抢答,根据读取数据判断其组号,从键盘上按空格键开始下一轮抢答,按其他键程序退出。

3. 参考流程图

参考流程如图 3.5.6 所示。

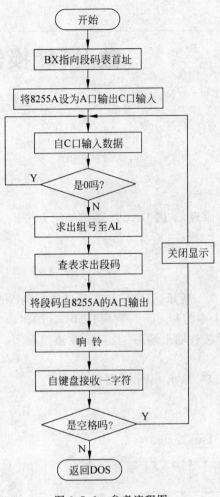

图 3.5.6　参考流程图

四、思考题

1. 基础实验中动态显示的时间如何控制?

2. 实验中如果采用共阳极的七段 LED 显示器,程序设计中应有哪些变化?

实验6　数/模转换器

一、实验目的

了解数/模转换的基本原理,掌握 DAC0832 的使用方法。

二、基础实验

1. 实验内容

实验电路原理如图 3.6.1 所示。DAC0832 端口地址为 290H,采用单缓冲方式,具有单、双极性输入端(图 3.6.1 中的 U_a、U_b),利用 DEBUG 输出命令(O 290,数据)输出数据到 DAC0832,用万用表测量单极性输出端 U_a 及双极性输出端 U_b 的电压,验证数字与电压之间的线性关系。

编程产生以下波形(从 U_b 输出,用示波器观察)。

(1) 锯齿波

(2) 正弦波

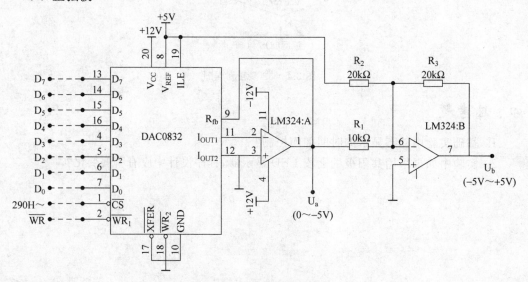

图 3.6.1　数模转换原理图

2. 编程提示

(1) 8 位 D/A 转换器 DAC0832 的端口地址设为 290H,输入数据与输出电压的关系为:

$$U_a = -V_{REF}/256 \times N$$

$$U_b = 2V_{REF}/256 \times N - 5V$$

其中 V_{REF} 表示参考电压,该实验中参考电压为 +5V 电源;N 表示数据。

(2)产生锯齿波只需将输出到 DAC0832 的数据由 0 循环递增,产生正弦波可根据正弦函数建一个正弦数字量表,取值范围为一个周期,表中数据个数在 16 个以上。

3. 参考流程图

参考流程如图 3.6.2 所示。

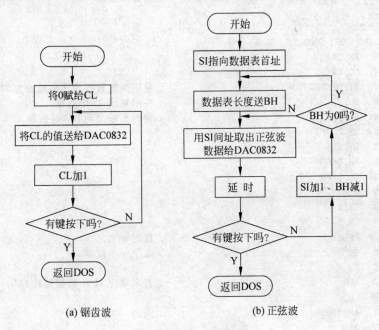

(a) 锯齿波   (b) 正弦波

图 3.6.2　参考流程图

4. 程序清单

(1)锯齿波参考程序:

```
CODE    SEGMENT
        ASSUME  CS: CODE
START:  MOV   CL, 0
        MOV   DX, 290H
LLL:    MOV   AL, CL
        OUT   DX, AL
        INC   CL              ; CL 加 1
        PUSH  DX
        MOV   AH, 06H         ; 判断是否有键按下
        MOV   DL, 0FFH
        INT   21H
        POP   DX
        JZ    LLL             ; 若无则转 LLL
        MOV   AH, 4CH         ; 返回 DOS
        INT   21H
CODE    ENDS
        END START
```

（2）正弦波参考程序：

```
DATA    SEGMENT
SIN     DB   80H,96H,0AEH,0C5H,0D8H,0E9H,0F5H,0FDH
        DB   0FFH,0FDH,0F5H,0E9H,0D8H,0C5H,0AEH,96H
        DB   80H,66H,4EH,38H,25H,15H,09H,04H
        DB   00H,04H,09H,15H,25H,38H,4EH,66H      ; 正弦波数据
DATA    ENDS
CODE    SEGMENT
        ASSUME  CS: CODE,DS: DATA
START:  MOV  AX,DATA
        MOV  DS,AX
LL:     MOV  SI,OFFSET SIN                         ; 置正弦波数据的偏移地址为 SI
        MOV  BH,32                                 ; 一组输出 32 个数据
LLL:    MOV  AL,[SI]                               ; 将数据输出到 D/A 转换器
        MOV  DX,290H
        OUT  DX,AL
        MOV  AH,06H
        MOV  DL,0FFH
        INT  21H
        JNE  EXIT
        MOV  CX,1
DELAY:  LOOP DELAY                                 ; 延时
        INC  SI                                    ; 取下一个数据
        DEC  BH
        JNZ  LLL                                   ; 若未取完 32 个数据则转 LLL
        JMP  LL
EXIT:   MOV  AH,4CH                                ; 退出
        INT  21H
CODE    ENDS
        END  START
```

三、提高实验

1. 实验内容

通过 D/A 转换器产生模拟信号，使 PC 作为简易电子琴。实验电路如图 3.6.3 所示，8253 的 CLK_0 接 1MHz，$GATE_0$ 接＋5V，OUT_0 接 8255A 的 PA_0，D/A 转换器的输出端外接喇叭，编程使计算机的数字键 1、2、3、4、5、6、7 作为电子琴按键，按下即发出相应的音阶。

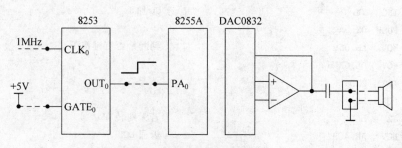

图 3.6.3　提高实验电路图

2. 编程提示

(1) 对于一个特定的 D/A 转换接口电路,CPU 执行一条指令将数据送入 D/A,即可在其输出端得到一定的电压输出。为 D/A 转换器输入按正弦规律变化的数据,在其输出端即可产生正弦波。对于音乐,每个音阶都有确定的音阶值,各音阶值称为频率,如表 3.6.1 所示。

表 3.6.1　音阶表

音　阶	1	2	3	4	5	6	7
频率(Hz)	261.1	293.7	329.6	349.2	392.0	440.0	493.9

(2) 产生一个正弦波的数据可取 32 个(小于亦可),不同频率的区别在于可调节向 D/A 转换器输出数据的时间间隔,例如:发"1"频率为 261.1Hz,周期为 1/261.1＝3.83ms,输出数据的时间间隔为 3.83ms/32＝0.12ms。定时时间由 8253 配合 8255A 来实现,按下某键后发音时间的长短可由发出的正弦波的个数来控制。

3. 参考流程图

参考流程如图 3.6.4 所示。

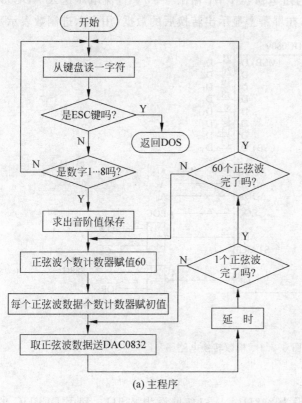

(a) 主程序　　　　(b) 延时子程序

图 3.6.4　参考流程图

四、思考题

1. 正锯齿波与负锯齿波的实现有何区别?
2. 电子琴发音时间的长短由什么决定?

实验 7 | 模/数转换器

一、实验目的

了解模/数转换的基本原理,掌握 ADC0809 的使用方法。

二、基础实验

1. 实验内容

实验电路如图 3.7.1 所示。通过电位器 RW_1 输出 $0\sim5V$ 直流电压送入 ADC0809 通道 $0(IN_0)$。采集 IN_0 输入的电压,在屏幕上显示出转换后的数据(用十六进制数表示)。

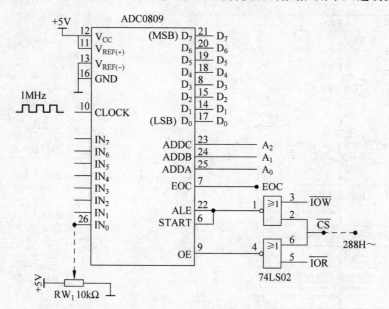

图 3.7.1 模数转换电路图

2. 编程提示

(1) ADC0809 的 IN_0 口地址设为 288H,IN_1 口地址设为 289H。利用 DEBUG 的输出命令启动 A/D 转换器,输入命令读取转换结果,验证输入电压与转换后数字之间的关系。

利用 DEBUG 输出命令启动 IN_0 开始转换:O 288,0

利用 DEBUG 输入命令读取转换结果:I 288

(2) IN_0 单极性输入电压与转换后数字之间的关系为:

$$N = \frac{V_i}{V_{REF}/256}$$

其中 V_i 为输入电压，V_{REF} 为参考电压，该实验中参考电压为 $+5V$ 电源。

（3）一次 A/D 转换的程序如下：

```
MOV   DX,口地址
OUT   DX,AL                ；启动转换
延时
IN    AL,DX                ；读取转换结果放到 AL 中
```

3. 参考流程图

参考流程如图 3.7.2 所示。

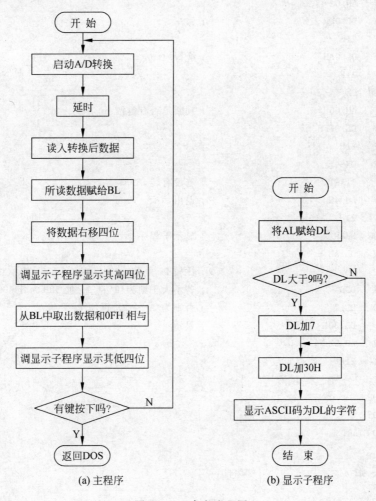

(a) 主程序　　　　　　(b) 显示子程序

图 3.7.2　参考流程图

4. 参考程序

```
CODE   SEGMENT
       ASSUME  CS: CODE
START: MOV    DX,288H                ；启动 A/D 转换器
```

```
              OUT    DX,AL
              MOV    CX,0FFH                    ;延时
      DELAY:  LOOP   DELAY
              IN     AL,DX                      ;从 A/D 转换器输入数据
              MOV    BL,AL                      ;将 AL 保存到 BL
              MOV    CL,4
              SHR    AL,CL                      ;将 AL 右移四位
              CALL   DISP                       ;调显示子程序显示其高四位
              MOV    AL,BL
              AND    AL,0FH
              CALL   DISP                       ;调显示子程序显示其低四位
              MOV    AH,02
              MOV    DL,0DH                      ;回车
              INT    21H
              MOV    DL,0AH                      ;换行
              INT    21H
              PUSH   DX
              MOV    AH,06H                      ;判断是否有键按下
              MOV    DL,0FFH
              INT    21H
              POP    DX
              JE     START                      ;若没有转 START
              MOV    AH,4CH                      ;退出
              INT    21H
      DISP    PROC   NEAR                        ;显示子程序
              MOV    DL,AL
              CMP    DL,9                        ;比较 DL 是否>9
              JLE    DDD                         ;若不大于则为'0'~'9',加 30H 为其 ASCII 码
              ADD    DL,7                        ;否则为'A'~'F',再加 7
      DDD:    ADD    DL,30H                      ;显示
              MOV    AH,02
              INT    21H
              RET
      DISP    ENDP
      CODE    ENDS
              END START
```

三、提高实验

1. 实验内容

实现一个数字录音机,如图 3.7.3 所示。实验台上一般有一个立体声插孔用于外接话筒,把代表语音的电信号送给 ADC0809 通道 2(IN$_2$),模拟量输入采用单极性。D/A 转换器的输出端外接喇叭。

编程,以每秒 5000 次的速率采集 IN$_2$ 输入的语音数据并存入内存,共采集 60000 个数据(录 12s),然后再以同样的速率将数据送至 DAC0832,使喇叭发声(放音)。

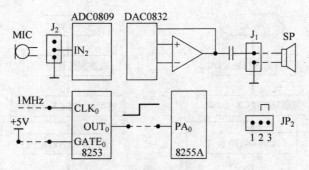

图 3.7.3　提高实验连线图

2. 编程提示

（1）将 8253 计数器 0 设置成方式 0，计数初值为 200（定时 0.2ms），利用 PA_0 查询 OUT_0 电平，若为高电平则表示定时时间到。

（2）ADC0809 通道 2（IN_2）的口地址为 28AH，DAC0832 的口地址为 290H。

3. 参考流程图

参考流程如图 3.7.4 所示。

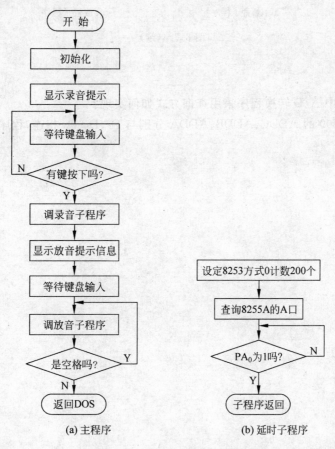

（a）主程序　　　　　（b）延时子程序

图 3.7.4　提高实验参考流程图

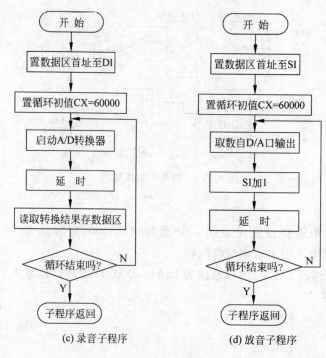

(c) 录音子程序   (d) 放音子程序

图 3.7.4(续)

四、思考题

1. 基础实验中 A/D 转换程序采用查询方式如何实现？
2. 若 ADC0809 的 ADDC、ADDB、ADDA 分别与 D_2、D_1、D_0 相连，程序应如何实现？

实验 8　　　串行通信

一、实验目的

1. 了解串行通信的基本原理。
2. 掌握串行接口芯片 8251 的工作原理和编程方法。

二、基础实验

1. 实验内容

按图 3.8.1 连接电路,其中 8253 用于产生 8251 的发送和接收时钟,TxD 和 RxD 相连。

从键盘输入一个字符,将其 ASCII 码加 1 后通过 8251 发送出去,再接收回来在屏幕上显示,实现自发自收。

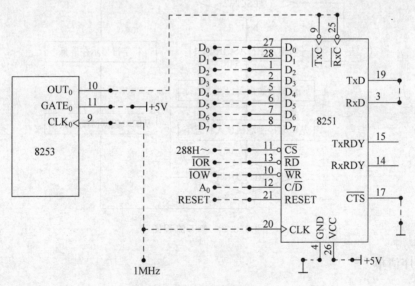

图 3.8.1　实验连线图

2. 编程提示

(1) 设 8251 的控制口地址为 289H,数据口地址为 288H。

(2) 8253 计数器的计数初值＝时钟频率/(波特率×波特率因子),时钟频率接 1MHz,波特率选 1200,波特率因子若选 16,则计数器初值为 52。8253 的端口地址为 280H～283H。

(3) 收发采用查询方式。

3. 参考流程图

参考流程如图 3.8.2 所示。

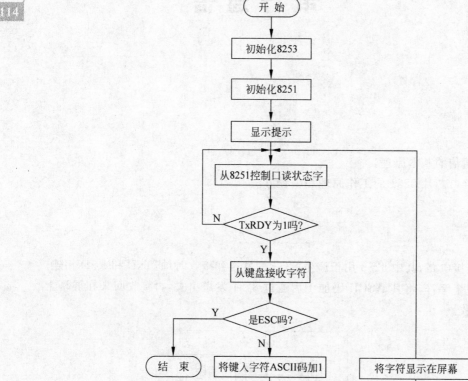

图 3.8.2　参考流程图

4. 程序清单

```
DATA    SEGMENT
MES1    DB    'YOU CAN PLAY A KEY ON THE KEYBORD!',0DH,0AH,24H
MES2    DD    MES1
DATA    ENDS
CODE    SEGMENT
        ASSUME  CS:CODE,DS:DATA
OUT1    PROC  NEAR                    ;向外发送一字节的子程序
        OUT   DX,AL
        PUSH  CX
```

```
          MOV   CX,40H
GG:       LOOP  GG                    ; 延时
          POP   CX
          RET
OUT1      ENDP
START:    MOV   AX,DATA
          MOV   DS,AX
          MOV   DX,283H               ; 设置 8253 计数器 0 工作方式
          MOV   AL,16H
          OUT   DX,AL
          MOV   DX,280H
          MOV   AL,52                 ; 给 8253 计数器 0 送初值
          OUT   DX,AL
          MOV   DX,289H               ; 初始化 8251
          XOR   AL,AL
          MOV   CX,03                 ; 向 8251 控制端口送 3 个 0
DELAY:    CALL  OUT1
          LOOP  DELAY
          MOV   AL,40H                ; 向 8251 控制端口送 40H,使其复位
          CALL  OUT1
          MOV   AL,4EH                ; 设置为 1 个停止位,8 个数据位,波特率因子为 16
          CALL  OUT1
          MOV   AL,27H                ; 向 8251 送控制字允许其发送和接收
          CALL  OUT1
          LDS   DX,MES2               ; 显示提示信息
          MOV   AH,09
          INT   21H
WAITI:    MOV   DX,289H
          IN    AL,DX
          TEST  AL,01                 ; 发送是否准备好
          JZ    WAITI
          MOV   AH,01                 ; 是,从键盘上读一字符
          INT   21H
          CMP   AL,27                 ; 若为 ESC,结束
          JZ    EXIT
          MOV   DX,288H
          INC   AL
          OUT   DX,AL                 ; 发送
          MOV   CX,40H
S51:      LOOP  S51                   ; 延时
NEXT:     MOV   DX,289H
          IN    AL,DX
          TEST  AL,02                 ; 检查接收是否准备好
          JZ    NEXT                  ; 没有,等待
          MOV   DX,288H
```

```
        IN    AL,DX             ;准备好,接收
        MOV   DL,AL
        MOV   AH,02             ;将接收到的字符显示在屏幕上
        INT   21H
        JMP   WAITI
EXIT:   MOV   AH,4CH            ;退出
        INT   21H
CODE    ENDS
        END   START
```

三、提高实验

1. 实验内容

通过查询方式实现双机异步通信。设两台计算机 A 和 B,按图 3.8.3 接好电路,A 机的 TxD 端接 B 机的 RxD 端,A 机的 RxD 端接 B 机的 TxD 端,利用 8253 产生 8251 发送和接收的时钟。

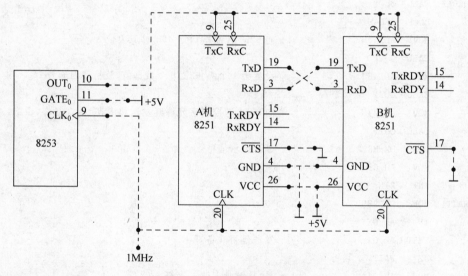

图 3.8.3 提高实验连线图

2. 编程提示

要求 A、B 机均能作为发送机和接收机,如从 A 机的键盘输入一个字符,将其 ASCII 码发送到 B 机上,并在 B 机的显示器上显示出来,数据发送与接收均采用查询方式。

3. 参考流程图

参考流程如图 3.8.4 所示。

四、思考题

1. 波特率与时钟频率有什么关系?在相同的波特率下,同步通信和异步通信哪个效率高?

2. 什么时候才能将方式控制字写入 8251?

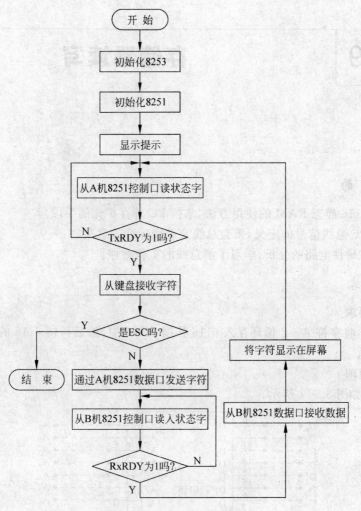

图 3.8.4　提高实验流程图

实验 9　存储器读写

一、实验目的

1. 熟悉 6116 静态 RAM 的使用方法,掌握 PC 外存扩充的手段。
2. 了解 PC 总线信号的定义,领会总线及总线标准的意义。
3. 通过对硬件电路的分析,学习了解总线的工作时序。

二、实验内容

1. 实验要求

编制程序,将字符 A~Z 循环存入 6116 扩展 RAM 中,然后再将 6116 的内容读出显示在主机屏幕上。

2. 实验原理

硬件电路如图 3.9.1 所示。

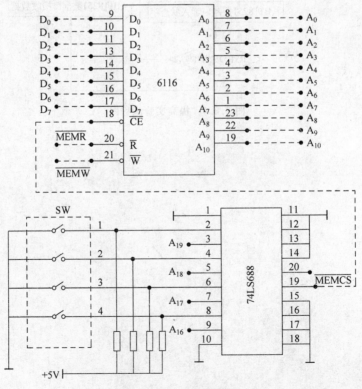

图 3.9.1　实验连线图

3. 编程提示

（1）首先，需要通过片选信号的产生方式，确定 6116RAM 在 PC 系统中的地址范围。
$\overline{CE}=A_{19} \cdot A_{18} \cdot \overline{A_{17}} \cdot A_{16} \cdot \overline{A_{15}} \cdot \overline{A_{14}} \cdot \overline{A_{13}} \cdot \overline{A_{12}}$，起始地址 D000：0000H。实验台上设有地址选择开关，拨动开关，可以选择从 D0000H 开始的 64K 空间，也可以选择从 E0000H 开始的 64K 空间。开关状态如下：

1	2	3	4	地址
OFF	OFF	ON	OFF	D000H
OFF	OFF	OFF	ON	E000H

（2）接收十六进制数表示的段地址和偏移量可以定义成一个公共的子程序。

4. 参考流程图

参考流程如图 3.9.2 所示。

5. 参考程序

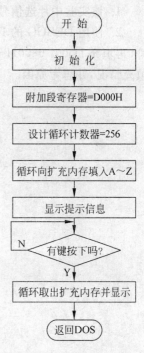

图 3.9.2　参考流程图

```
DATA      SEGMENT
MESSAGE   DB'PLEASE ENTER A KEY TO SHOW CONTENTS',0DH,0AH,' $ '
DATA      ENDS
SSEG      SEGMENT   STACK.
STA       DW  50 DUP(?)
TOP       EQU  LENGTH STA
SSEG      ENDS
CODE      SEGMENT
          ASSUME  CS: CODE,DS: DATA,SS: SSEG,ES: DATA
START:    MOV   AX,DATA
          MOV   DS,AX
          MOV   AX,SSEG            ; 段寄存器及栈指针初始化
          MOV   SS,AX
          MOV   SP,TOP
          MOV   AX,0D000H          ; 附加段寄存器指向扩充内存区域
          MOV   ES,AX
          MOV   BX,0000H           ; 偏移地址
          MOV   CX,100H            ; 显示的字符数
          MOV   DL,40H             ; 以 'A' 字符开始显示
REP1:     INC   DL
          MOV   ES: [BX],DL        ; 字符存入扩充内存区域
          INC   BX
          CMP   DL,5AH             ; 是否超过 'Z' 字符
          JNZ   SS1                ; 是则重置 DL 的值
          MOV   DL,40H
SS1:      LOOP  REP1               ; 循环 256 次
          MOV   DX,OFFSET  MESSAGE
          MOV   AH,09              ; 显示提示信息
          INT   21H
          MOV   AH,01H             ; 等待按键
          INT   21H
          MOV   AX,0D000H
          MOV   ES,AX
          MOV   BX,0000H
```

```
            MOV   CX,0100H
   REP2:     MOV   DL,ES:[BX]        ; 取出扩充内存的内容并显示
            MOV   AH,02H
            INT   21H
            INC   BX
            LOOP  REP2
            MOV   AX,4C00H           ; 返回 DOS
            INT 21H
   CODE     ENDS
            END   START
```

三、思考题

1. 该实验中片选信号是通过何种方式产生的?

2. 使用 DEBUG 的 F 命令,填充 6116RAM 的 D000:0000H~07FFH 单元为全'A'字符,再填充 D000:0800H~0FFFH 单元为全'B'字符。检查 D000:0000H~0FFFH 单元的填充情况,并思考原因。

实验 10 | 步进电机控制

一、实验目的

1. 了解步进电机控制的基本原理。
2. 掌握控制步进电机转动的编程方法。

二、实验内容

1. 实验要求

步进电机插头与实验台相连,利用 8255A 输出脉冲序列,控制步进电机的转速和方向。步进电机的转速由开关 $K_0 \sim K_6$ 控制,方向由 K_7 控制。实验连线如图 3.10.1 所示。

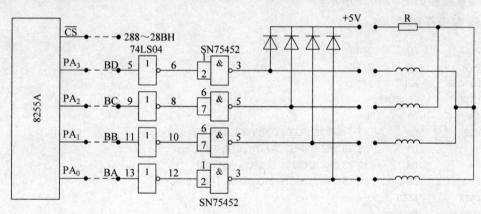

图 3.10.1　实验连线图

2. 实验原理

步进电机驱动原理是通过对每相线圈中电流的顺序切换来使电机作步进式旋转,驱动电路由脉冲信号来控制,所以调节脉冲信号的频率便可改变步进电机的转速。

如图 3.10.2 所示,本实验使用的步进电机采用直流 $+5\text{V}$ 电压,每相电流为 0.16A,电机线圈由四相组成:

$\varphi 1(\text{BA})$; $\varphi 2(\text{BB})$; $\varphi 3(\text{BC})$; $\varphi 4(\text{BD})$。

驱动方式为二相激磁方式,各线圈通电顺序如表 3.10.1 所示。

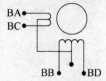

图 3.10.2　电机线圈示意图

表 3.10.1　线圈通电顺序表

相 顺序	φ1	φ2	φ3	φ4	
0	1	1	0	0	反时针方向旋转
1	0	1	1	0	↕
2	0	0	1	1	顺时针方向旋转
3	1	0	0	1	

表 3.10.1 中,首先向 φ1-φ2 线圈输入驱动电流,接着 φ2-φ3、φ3-φ4、φ4-φ1,又返回到 φ1-φ2,按这种顺序切换,电机轴按顺时针方向旋转。实验可通过不同长度的延时来得到不同频率的步进电机输入脉冲,从而得到多种步进速度。

3. 编程提示

8255A 的 $PA_0 \sim PA_3$ 接 $BA \sim BD$; $PC_0 \sim PC_7$ 接 $K_0 \sim K_7$。8255A 的 A 口地址为 288H,C 口地址为 28AH,控制口地址为 28BH。

当 $K_0 \sim K_6$ 中某一开关为 1 时启动步进电机。K_7 控制方向为 1 时电机正转,为 0 时反转。

4. 参考流程图

参考流程如图 3.10.3 所示。

5. 参考程序

```
P55A        EQU     288H
P55C        EQU     28AH
P55CON      EQU     28BH
DATA        SEGMENT
BUF         DB      0
MES         DB      'K0～K6 ARE SPEED CONTYOL',0AH,0DH
            DB      'K6 IS THE LOWEST SPEED',0AH,0DH
            DB      'K0 IS THE HIGHEST SPEED',0AH,0DH
            DB      'K7 IS THE DIRECTION CONTROL',0AH,0DH,'$'
DATA        ENDS
CODE        SEGMENT
ASSUME      CS:CODE,DS:DATA
START:      MOV     AX,CS
            MOV     DS,AX
            MOV     AX,DATA
            MOV     DS,AX
            MOV     DX,OFFSET MES
            MOV     AH,09
            INT     21H
            MOV     DX,P55CON
            MOV     AL,8BH
            OUT     DX,AL           ; 8255A 初始化
            MOV     BUF,33H
OUT1:       MOV     AL,BUF
            MOV     DX,P55A
            OUT     DX,AL
```

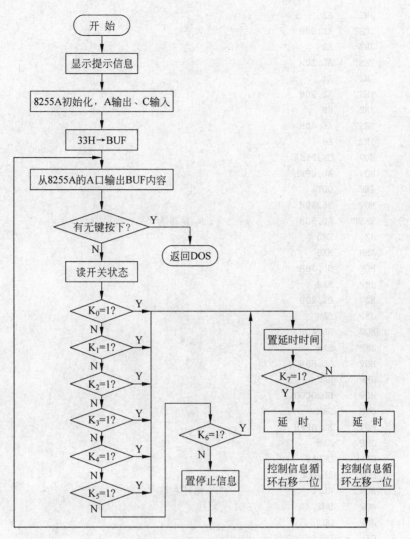

图 3.10.3　参考流程图

```
          PUSH    DX
          MOV     AH,06h
          MOV     DL,0FFH
          INT     21H              ;判断是否有键按下
          POP     DX
          JE      IN1
          MOV     AH,4CH
          INT     21H
IN1:      MOV     DX,P55C
          IN      AL,DX            ;读开关状态
          TEST    AL,01H
          JNZ     K0
          TEST    AL,02H
          JNZ     K1
          TEST    AL,04H
```

步进电机控制

```
              JNZ     K2
              TEST    AL,08H
              JNZ     K3
              TEST    AL,10H
              JNZ     K4
              TEST    AL,20H
              JNZ     K5
              TEST    AL,40H
              JNZ     K6
    STOP:     MOV     DX,P55A
              MOV     AL,0FFH
              JMP     OUT1
    K0:       MOV     BL,10H
    SAM:      TEST    AL,80H           ; K7 是否为 1
              JZ      ZX0
              JMP     NX0
    K1:       MOV     BL,18H
              JMP     SAM
    K2:       MOV     BL,20H
              JMP     SAM
    K3:       MOV     BL,40H
              JMP     SAM
    K4:       MOV     BL,80H
              JMP     SAM
    K5:       MOV     BL,0C0H
              JMP     SAM
    K6:       MOV     BL,0FFH
              JMP     SAM
    ZX0:      CALL    DELAY
              MOV     AL,BUF
              ROR     AL,1             ; 循环右移
              MOV     BUF,AL
              JMP     OUT1
    NX0:      CALL    DELAY
              MOV     AL,BUF
              ROL     AL,1             ; 循环左移
              MOV     BUF,AL
              JMP     OUT1
    DELAY     PROC    NEAR
    DELAY1:   MOV     CX,05A4H
    DELAY2:   LOOP    DELAY2
              DEC     BL
              JNZ     DELAY1
              RET
    DELAY     ENDP
    CODE      ENDS
              END     START
```

三、思考题

本实验中 8255A 的 $PA_0 \sim PA_3$ 接 $BA \sim BD$，若换成 $PA_4 \sim PA_7$，程序实现有何不同？

实验 11 键盘显示控制

一、实验目的

1. 掌握 8279 键盘显示电路的基本功能及编程方法。
2. 掌握一般键盘和显示电路的工作原理。
3. 进一步掌握定时器的使用和中断处理程序的编程方法。

二、实验内容

实验台上一般有一个 20 芯通用插座，用于外接用户开发的实验板。8279 键盘显示电路做在一块扩展电路板上（简称 8279 键盘显示电路），用一根 20 芯扁平电缆与实验台上该插座相连。实验电路原理如图 3.11.1 所示。

1. 实验要求

(1) 编程一：小键盘上每按一个键，在 6 位数码管上显示出相应字符，它们的对应关系如下：

小键盘		显示	小键盘		显示
0	—	0	C	—	C
1	—	1	D	—	d
2	—	2	E	—	E
3	—	3	F	—	F
4	—	4	G	—	q
5	—	5	M	—	∏
6	—	6	P	—	p
7	—	7	W	—	凵
8	—	8	X	—	||
9	—	9	Y	—	ㄐ
A	—	円	R	—	返回 DOS
B	—	b			

(2) 编程二：利用实验台上提供的定时器 8253 和扩展板上提供的 8279 以及键盘和数码显示电路，设计一个电子钟。由 8253 中断定时，小键盘控制电子钟的启停及初始值的预置。

电子钟显示格式如下：XX. XX. XX，由左向右分别为时、分、秒。要求具有如下功能：

① C 键：清除，显示 00、00、00。

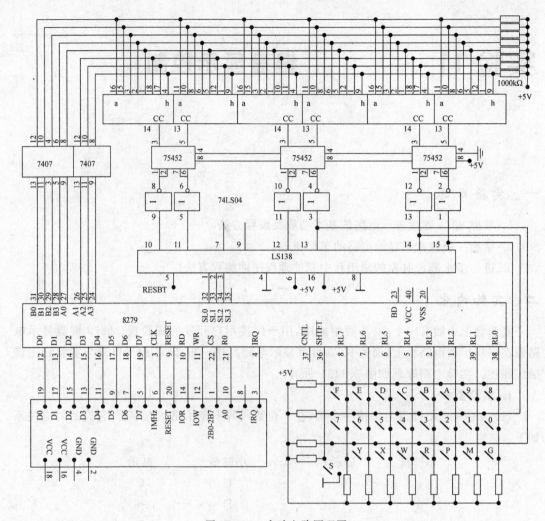

图 3.11.1　实验电路原理图

② G 键:启动,电子钟开始计时。

③ D 键:停止,电子钟停止计时。

④ P 键:设置时、分、秒值。输入时依次为时、分、秒,同时应具有判断输入错误的功能,若输入有误,则显示:E-----,此时按 P 键可重新输入预置值。

⑤ E 键:程序退出,返回 DOS。

2. 编程提示

(1) 编程一中,由键码得到显示码,可通过 XLTA 指令实现。

(2) 编程二的接线方法如下:

8253 的 CLK$_0$ 接 1MHz,GATE$_0$ 和 GATE$_1$ 接+5V,OUT$_0$ 接 CLK$_1$,OUT$_1$ 接 IRQ,$\overline{\text{CS}}$ 接 280H~287H,如图 3.11.2 所示。

(3) 编程二中,8253 的计数器 0 设为方式 3,计数初值设为 1000;计数器 1 设为方式 2,计数初值设为 100。由于 CLK$_0$ 接 1MHz,因此计数器 1 每 0.1 秒发 1 次中断请求信号,10 次计为 1 秒。

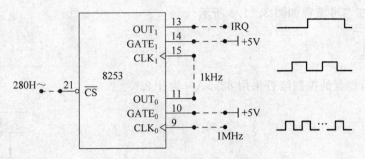

图 3.11.2　编程二连线图

（4）编程二中设有两个变量，一个为是否允许计数标志 SIGN，当其为 01 时启动电子钟计时，为 00 时停止计时；另一个为计数单元 BUF，当其处于计时状态时，BUF 不断加 1，计到 10 次，秒值加 1；秒值计到 60，分值加 1；分值计到 60，时值加 1；时值计到 24，时值清零。

（5）编程二中的键盘显示子程序 KEY2 同编程一。

3. 参考流程图

（1）编程一参考流程如图 3.11.3 所示。

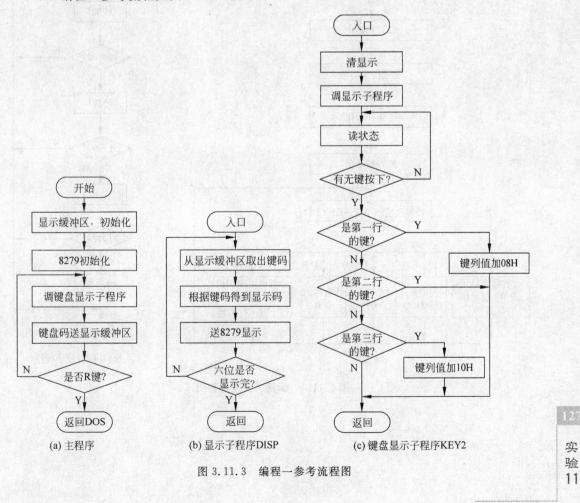

图 3.11.3　编程一参考流程图

（2）编程二参考流程如图 3.11.4 所示。

三、思考题

本实验中，键盘的控制能否采用 8255A？为什么？

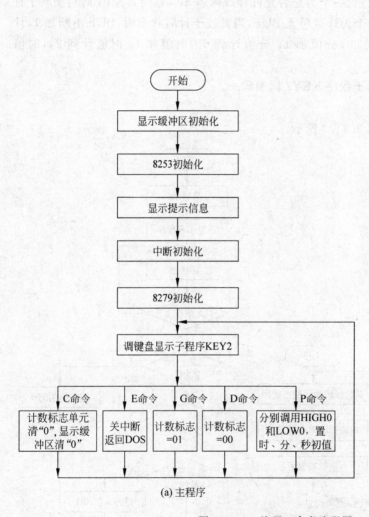

(a) 主程序

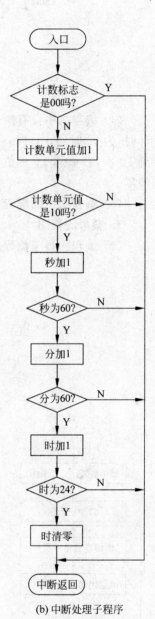

(b) 中断处理子程序

图 3.11.4 编程二参考流程图

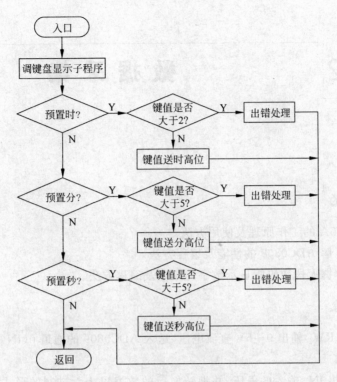

(c) 预置时、分、秒高位子程序HIGH0

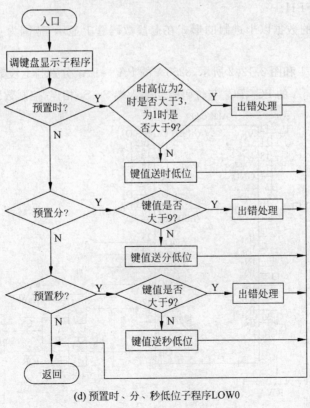

(d) 预置时、分、秒低位子程序LOW0

图 3.11.4(续)

键盘显示控制

实验 12 数据采集

一、实验目的

1. 掌握 8255A 的工作原理及使用方法。
2. 进一步了解 ADC0809 的性能及编程方法。
3. 进一步掌握七段数码管显示数字的原理及编程方法。

二、实验内容

通过电位器 RW_1 输出 0～5V 直流电压,送入 ADC0809 的通道 0(IN_0)。

1. 实验要求

(1) 编程采集 IN_0 输入的电压,并把转换后的数据以十六进制的形式在七段数码管上显示,范围为 00～FFH。

(2) 把转换后的数据以十进制的形式在七段数码管上显示,范围为 0.0～5.0V。

2. 实验原理

(1) 如图 3.12.1 和图 3.12.2 所示,8255A 的 PA_0～PA_6 分别与七段数码管的段码驱动输入端 a～g 相连,8255A 的 PC_1、PC_0 与位码驱动输入端 S_1、S_0 相连,控制数码管的选通。

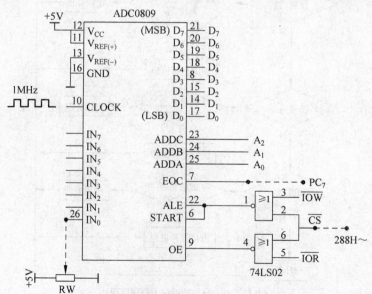

图 3.12.1　ADC0809 连线图

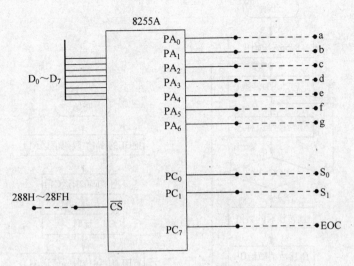

图 3.12.2 8255A 连线图

(2) ADC0809 的转换结束信号 EOC 与 8255A 的 PC_7 相连,通过查询方式判断 ADC0809 的通道 0(IN_0)是否转换结束。

3. 编程提示

(1) ADC0809 的 IN_0 端口地址为:　　280H

8255A 的端口地址为:A 口　　288H

C 口　　28AH

控制口　　28BH

(2) 一次 A/D 转换的程序为:

```
        MOV  DX,280H
        OUT  DX,AL      ; 启动转换
        MOV  DX,28AH
L1:     IN   AL,DX      ; 读转换结束标志 EOC 值
        TEST AL,80H
        JZ   L1         ; 判是否转换结束
        MOV  DX,280H
        IN   AL,DX      ; 转换结束,读取数值
```

4. 参考流程

显示十六进制数的参考流程如图 3.12.3 所示。

三、思考题

若要求在七段数码管上显示十进制电压值,应如何对数据进行转换?

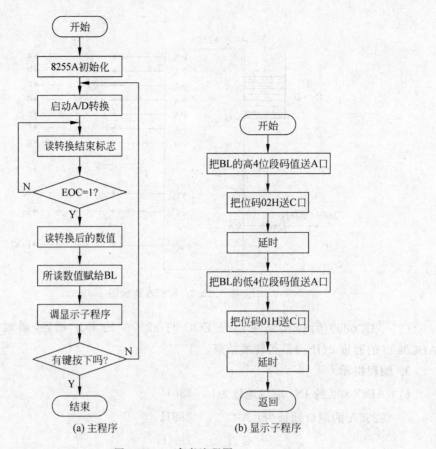

图 3.12.3　参考流程图

附录A 习题参考答案

第1章 微型计算机基础

1. 选择题

(1) B   (2) A   (3) B   (4) C   (5) D

(6) B   (7) A   (8) D   (9) D   (10) D

(11) B   (12) D   (13) D   (14) D   (15) B

(16) D   (17) B   (18) B   (19) B   (20) C

2. 填空题

(1) 系统、应用

(2) 总线

(3) 00、11

(4) $-128\sim+127$

(5) 地址、数据

(6) CPU

(7) 数据

(8) CPU

(9) 内存

3.

(1) 111 1100.101B=7C. AH

(2) 10 0111 1011.000011B=27B.0CH

(3) 1 0010 1101.1011B=12D. BH

(4) 1111 0100 0110B=F46H

4. 1101.101B=13.625D、2AE.4H=686.25D、42.57Q=34.734375D

5.

(1) $[+127]_原 = [+127]_反 = [+127]_补 = 01111111$

(2) $[-127]_原 = 11111111$、$[-127]_反 = 10000000$、$[-127]_补 = 10000001$

(3) $[+66]_原 = [+66]_反 = [+66]_补 = 01000010$

(4) $[-66]_原 = 11000010$、$[-66]_反 = 10111101$、$[-66]_补 = 10111110$

6.

(1) 定点整数的表示范围为：$-2^{15}\sim 2^{15}-1$

(2) 定点小数的表示范围为：$-1\sim 1-2^{-15}$

7.

(1) 42H　(2) 68H　(3) 20H　(4) 35H　(5) 24H　(6) 0DH

(7) 0AH　(8) 2AH　(9) 48H、65H、6CH、6CH、6FH

第 2 章　16 位和 32 位微处理器

1. 选择题

(1) C　　　(2) C　　　(3) D　　　(4) B　　　(5) A　　　(6) C

(7) C　　　(8) B　　　(9) D　　　(10) B　　　(11) B

2. 填空题

(1) BIU、EU

(2) SS

(3) 800

(4) $MN/\overline{MX}$

(5) 8288

(6) 3

(7) 状态、控制

(8) 空闲

(9) FFFF0H

(10) 20、高 4 位、状态

3.

(1) 4DH, CF＝1, OF＝0, ZF＝0, SF＝0

(2) 0C5H, CF＝0, OF＝1, ZF＝0, SF＝1

(3) 0EDH, CF＝0, OF＝0, ZF＝0, SF＝1

(4) 0D1H, CF＝1, OF＝0, ZF＝0, SF＝1

4. (1) 2314H；0035H；23175H　(2) 1FD0H；000AH；1FD0AH

5. 8086 指令存放在 CS 段中,指令的段内偏移地址由 IP 提供。所以,下一条指令的物理地址为：CS×16＋IP。

6. 由于存储器的容量为 2KB,因此其地址范围为 000H：7FFH。起始逻辑地址为 2000H：3000H,则首地址的物理地址为 2000H×16＋3000H＝23000H,末地址的物理地址为 2000H×16＋3000H＋7FFH＝237FFH。该存储器物理地址的范围为 23000H～237FFH。

7. 8086 的复位信号是输入 8086CPU 的一个控制信号,符号为 RESET,高电平有效。通常它与 8284(时钟发生器)相连。当 RESET 信号有效(需保持 4T 高电平)时,8086 处于初始化状态。此时,14 个 16 位寄存器除 CS 为 FFFFH 外全部清 0,指令队列清空。

8. 标志寄存器中的控制位有 3 个。

方向标志 DF——决定字符串操作时地址修改的方向。

中断允许标志 IF——表示 CPU 是否允许响应外部可屏蔽中断。

陷阱标志 TF——决定 CPU 是否在每条指令执行完后自动产生一个内部中断。

9.

(1) 8086/8088 总线周期一般包括 4 个时钟周期($T_1 \sim T_4$)。若外设在 T_3 的前沿之前数据不能准备好,则需插入 T_W。因此,该总线周期共包含 6 个状态周期(4 个 T 状态和 2 个 T_W 状态)。

因为 8088 的时钟频率为 5MHz,所以,总线周期$=6\times$时钟周期$=6\times0.2\times10^{-6}$s$=1.2\times10^{-6}$s$=1.2\mu$s。

(2) 通常,在总线周期的 T_3 要检测 READY 信号,以决定外设是否准备好。若 READY 无效,则在 T_3 之后不进入 T_4 周期,而插入 T_W 周期,在 T_W 中也要检测 READY 信号,以决定是再插入 T_W,还是进入 T_4 周期。因为总线周期中包含两个 T_W 等待周期,也就是说在第一个 T_W 检测 READY 时,READY 无效,而在第二个 T_W 检测 READY 时,READY 信号有效。所以,该总线周期内共对 READY 信号检测了 3 次。

10.

(1) 8086 是真正的 16 位微处理器,有 16 条地址/数据复用线 $AD_{15}\sim AD_0$,而 8088 是准 16 位微处理器,它的内部运算为 16 位,而数据输出仅有 8 条地址/数据复用线 $AD_7\sim AD_0$。

(2) 8086 把 1MB 的存储空间分为两个 512KB,有奇偶地址之分,分别由 $\overline{BHE}$ 信号和 A_0 信号作为选择线,而 8088 无 $\overline{BHE}$ 引脚,因此 1MB 的存储空间不划分奇偶。

(3) 8086 的存储器/IO 控制线为 M/$\overline{IO}$,而 8088 的为 IO/$\overline{M}$。

(4) 8086 的指令队列为 6 个字节,而 8088 的指令队列为 4 个字节。

11. 8086/8088CPU 由 BIU 和 EU 两部分组成。BIU 是 8086/8088 微处理器的总线接口部件,EU 是 8086/8088 微处理器的执行部件。

BIU 的功能是使 8086/8088 微处理器与存储器或 I/O 接口电路进行数据交换,具体来说,BIU 负责从内存的指定部分取出指令,送到指令队列中排队;执行指令时所需的操作数,也由 BIU 从内存的指定区域中取出,送给 EU 部分执行。

BIU 主要包括四个段寄存器 CS、DS、SS、ES,指令指针 IP,指令队列等。

EU 的功能是负责指令的执行,主要包括逻辑运算单元 ALU,寄存器 AX、BX、CX、DX,堆栈指针 SP,寄存器 BP、SI、DI,标志寄存器 F 等。

12. 8086CPU 由于引脚数量少,其地址总线采用了分时复用的双重总线($A_{19}/S_6\sim A_{16}/S_3$ 和 $AD_{15}\sim AD_0$ 等),仅在总线周期的 T_1 时钟周期输出地址信号,而在整个总线周期中地址信号需保持不变,这就需用地址锁存器将 T_1 周期发出的地址信号锁存起来,以便在整个总线周期中都能使用,因此 8086CPU 在 T_1 周期提供地址锁存允许信号 ALE(正脉冲),用 ALE 的下降沿将地址信息锁存在地址锁存器中。

13.

(1) 非屏蔽中断 NMI 不受中断允许标志 IF 的影响,而可屏蔽中断 INTR 只有在 IF=1 时才能响应。

(2) 非屏蔽中断 NMI 响应时无需读取中断类型码,而可屏蔽中断 INTR 响应时需先读取中断类型码。

第 3 章 16 位/32 位微处理器指令系统

1. 选择题

(1) B　　　(2) B　　　(3) A　　　(4) A　　　(5) D

(6) C　　(7) C　　(8) C　　(9) D　　(10) C

(11) B　　(12) D　　(13) D　　(14) D　　(15) C

(16) D　　(17) B　　(18) D　　(19) B　　(20) B

2. 填空题

(1) LEA　BX,DATA

(2) NEG　BX

(3) XOR　AL,03H

(4) 00FFH

(5) 16

(6) 0FFH、0FFH

(7) 8DH、00H、0000H

(8) 7、0FFFCH

(9) (AX)=0FFFFH、(DX)=8F70H、SF=1、OF=0、CF=0、PF=0、ZF=0

(10) (AX)=2300H

3.

(1) 直接寻址,其物理地址=2000H×16+0100H=20100H

(2) 立即寻址

(3) 寄存器间接寻址,其物理地址=3000H×16+00B0H=300B0H

(4) 寄存器间接寻址,其物理地址=1500H×16+0020H=15020H

(5) 基址变址寻址,其物理地址=2000H×16+1000H+00B0H=210B0H

(6) 寄存器寻址

(7) 基址变址寻址,其物理地址=2000H×16+1000H+00B0H+3=210B3H

(8) 变址寻址,其物理地址=2000H×16+1000H+14H=21014H

4. 物理地址=3017H×16+000AH=3017AH

```
MOV  AX,3017H
MOV  DS,AX
MOV  AL,DS:[000AH]
```

或:

```
MOV  AX,3017H
MOV  DS,AX
MOV  BX,000AH
MOV  AL,[BX]
```

5.

(1) MOV　AX,BL；错,操作数类型不匹配

(2) MOV　AL,[SI]；对

(3) MOV　AX,[SI]；对

(4) PUSH　CL；错,压栈动作必须以字为单位

(5) MOV　DS,3000H；错,不能向段寄存器送立即数

(6) SUB　3[SI][DI],BX；错,不能同时使用两个变址寄存器

(7) DIV 10；错,除法指令的源操作数不能为立即数

(8) MOV AL,ABH；错,ABH 前面没有加前导 0

(9) MOV BX,OFFSET [SI]；错,OFFSET 算符后必须跟地址表达式

(10) POP CS；错,不能向 CS 中传送数据

(11) MOV AX,[CX]；错,CX 不能做间址寄存器

(12) MOV [SI],ES:[DI+8]；错,两操作数不能同时为存储器操作数

(13) IN 255H,AL；错,口地址大于 255

(14) ROL DX,4；错,移位次数大于 1,必须放 CL

(15) MOV BYTE PTR [DI],1000 ；错,操作数长度不匹配

(16) OUT BX,AL；错,应该用 DX 存放口地址

(17) MOV SP,SS:DATA_WORD[BX][SI]；对

(18) LEA DS,35[DI]；错,目的操作数必须是 16 位通用寄存器

(19) MOV ES,DS；错,段寄存器之间不能直接传送

(20) PUSH F；错,格式错误,应为 PUSHF

6.

(1) (AX)=1200H

(2) (AX)=647AH

(3) (AX)=863BH

(4) (AX)=050AH OR (DS:[2A80H+0050H])=050AH OR (12AD0H)
    =050AH OR 0B5A3H=0B5ABH

(5) (AX)=(DS:[2A80H+50H])=(12AD0H)=0B5A3H

7. 堆栈物理地址   内容

0927CH   78H

0927DH   56H

0927EH   34H

0927FH   12H

SP=002CH

8.

(1) CF=0、SF=1、ZF=0、OF=0、AF=1、PF=1

(2) CF=1、SF=1、ZF=0、OF=1、AF=0、PF=0

(3) CF=0、SF=0、ZF=0、OF=0、AF=0、PF=0

(4) CF=0、SF=1、ZF=0、OF=0、AF=1、PF=0

(5) CF=0、SF=1、ZF=0、OF=0、AF=0、PF=1

9. (AX)=4860H、CF=1。

10. (AX)=3520H、CF=0。

11. (AX)=0FFF0H、(IP)=000FH。

12. HCOD 和 HCOD+1 两字节单元内容分别为 31H、41H。

13. Z=0A0H；程序的功能为求(X+Y)/2,结果存放于 Z 单元中。

14. (CL)=3、CF=0。

15. 由于字符串中包含 N,因此程序运行到 NEXT 时,ZF＝1;(CX)＝7。

16. 全是 01H。

17. 6000H、1。

18. ADD AL,07H。

第 4 章　汇编语言程序设计

1. 选择题

(1) C　(2) C　(3) D　(4) ① D　② A　③ B　(5) C　(6) D

2. 填空题

(1) 编译　(2) 标号　(3) 汇编程序　(4) BUF 的段基址　(5) 0AH

(6) 寻址方式　(7) (AX)＝6378H、(BX)＝0001H　(8) 120

3. 该程序段的前五句为一串操作,将 BUF＋9 字节单元的内容复制到 BUF＋10 字节单元,再将 BUF＋8 字节单元的内容复制到 BUF＋9 字节单元,如此操作 10 次。则 BUF 起字节单元内容变为 1、1、2、3、4、5、6、7、8、9、10、10。

故执行程序段后,(AX)＝0101H,(CX)＝0。

4. 堆栈段段基址为 21F0H;栈顶的物理地址＝21F0H×16＋ FFEEH＝31EEEH。

5. (AX)＝40H

6. (AX)＝FF65H、(DX)＝0021H

7. (1) 3004H 单元中的内容为 16H　　　(2) (BX)＝3004H、CF＝0。

8. (AX)＝1、(BX)＝1、(CX)＝10、(DX)＝20、(SI)＝1

9. (AX)＝0003H、(BX)＝0007H、(CX)＝0002H、(DX)＝0000H

10. BCDBUF、SHR、30H、AND　AL,0FH、ADD　AL,30H

11. 参考程序:

```
DSEG    SEGMENT
WEEK DB  'MON','TUE','WED','THU','FRI','SAT','SUN'
DAY   DB  2
DSEG    ENDS
SSEG    SEGMENT STACK
STK   DB 100 DUP(?)
SSEG    ENDS
CSEG    SEGMENT
ASSUME CS: CSEG, DS: DSEG, SS: SSEG
START:    MOV    AX,DSEG
          MOV    DS,AX
          MOV    AL,DAY
          DEC    AL
          MOV    CL,3
          MUL    CL
          MOV    BX,OFFSET WEEK
          ADD    BX,AX
          MOV    CX,3
LP:       MOV    AH,2
          MOV    DL,[BX]
```

```
        INT    21H
        INC    BX
        LOOP   LP
        MOV    AH,4CH
        INT    21H
        CSEG   ENDS
        END START
```

12. AL、NEG AL、XLAT

13. 参考程序：

```
DSEG   SEGMENT
DATA   DW   4321H,7658H,9B00H
MIN    DW ?
DSEG   ENDS
SSEG   SEGMENT STACK
DB     100 DUP(?)
SSEG   ENDS
CSEG   SEGMENT
ASSUME CS: CSEG,DS:DSEG,SS: SSEG
START: MOV    AX,DSEG
       MOV    DS,AX
       LEA    SI,DATA
       MOV    AX,[SI]
       MOV    BX,[SI + 2]
       CMP    AX,BX
       JC     NEXT
       MOV    AX,BX
NEXT:  CMP    AX,[SI + 4]
       JC     DONE
       MOV    AX,[SI + 4]
DONE:  MOV    MIN,AX
       MOV    AH,4CH
       INT    21H
CSEG   ENDS
END    START
```

14. 参考程序设计如下：

子程序名：ATBC

入口参数：BX——存放待转换的 ASCII 码串的偏移地址

SI——存放转换后的 BCD 码串的偏移地址

CX——ASCII 码串中字符数

出口参数：SI——存放转换后的 BCD 码串的偏移地址

```
       ATBC   PROC
       PUSH   AX
       ADD    BX,CX
LOPA:  DEC    BX
       MOV    AL,[BX]
       AND    AL,0FH
```

139

```
        MOV   [SI],AL
        INC   SI
        LOOP  LOPA
        POP   AX
        RET
        ATBC ENDP
```

15. 参考程序设计如下:

```
        DSEG SEGMENT
        PROG DB   'I am Amp SAAS ASLKSA AMSDSAASMMASSAM',1AH
        NUM  DW   0
        DSEG ENDS
        SSEG SEGMENT  STACK
        STK  DB  100   DUP (?)
        SSEG  ENDS
        CSEG  SEGMENT
        ASSUME  DS: DSEG,SS: SSEG,CS: CSEG
START:  MOV   AX,DSEG
        MOV   DS,AX
        MOV   AX,0
        MOV   SI,OFFSET PROG
LOPA:   CMP   [SI],BYTE PTR 1AH
        JE    EXIT
        CMP   [SI],BYTE PTR 'A'
        JNE   NEXT
        CMP   [SI + 1],BYTE PTR 'M'
        JNE   NEXT
        INC   AX
        INC   SI
NEXT:   INC   SI
        JMP   LOPA
EXIT:   MOV   NUM,AX
        MOV   AH,4CH
        INT   21H
CSEG    ENDS
END     START
```

16. (AH)＝5、(AL)＝6

17.

(1) 该程序完成将 NUM1＋200 开始的 100 个数传送到 NUM2 开始的单元中

(2) (SI)＝0064H、(DI)＝0000H、(CX)＝0000H

18.

(1) 该程序的功能是从小到大排序

(2) 程序运行结束时,TABLE＋3 单元的内容是 60H

(3) 若将 JBE NEXT 改为 JAE NEXT,则对程序的影响是改为从大到小排序

第 5 章 存 储 器

1. 选择题

(1) D   (2) D   (3) C   (4) B   (5) B

(6) A   (7) A   (8) A   (9) A   (10) B

(11) C   (12) D   (13) A

2. 填空题

(1) 磁介质、半导体

(2) EPROM、EEPROM

(3) 程序、数据

(4) RAM、ROM

(5) 64KB、16、20

(6) $\overline{BHE}$

(7) 1024

(8) 1

(9) 刷新

3. 半导体随机存取存储器有静态 RAM 和动态 RAM 两种。

(1) 静态 RAM 通常是六管结构,无需刷新,存取速度快,但集成度不高。

(2) 动态 RAM 通常是单管结构,需刷新,集成度高,但存取速度较慢。

4. 只读存储器 ROM 是用户在使用时只能读出,不能更改的存储器,它分为:

(1) 掩模 ROM,信息由制造厂家生产时一次写入。

(2) PROM,用户可自行写入信息,但不能更改。

(3) EPROM,用户可多次采用紫外线擦除可编程的 ROM。

(4) EEPROM,用户可多次擦除可编程的 ROM,只是擦除方式为电擦除。

5. 应考虑以下几个方面:

(1) CPU 的负载能力。

(2) CPU 与存储器间的速度匹配问题。

(3) 各种信号线的连接,包括数据线、地址线、控制线。

(4) 存储器的地址分配及片选信号的产生。

6.

(1) 线选法(线译码),把高位地址线直接作为片选控制线,存在大量的地址重叠。

(2) 部分译码法,高位剩余地址的部分地址线通过译码,产生存储器片选控制信号,它也存在一定的地址重叠。

(3) 全译码法,高位剩余地址的全部地址线参加译码,产生存储器片选控制信号,存储单元有唯一的地址,无地址重叠。

7. 8088 是准 16 位机,外部数据线为 8 位,所以对存储器进行字访问时,只能一个总线周期访问一个字节,故需两个总线周期访问一个字。

8086 对存储器进行字访问时,分为两种情形:对于"未对准的"字,和 8088 类似,需两个总线周期访问一个字;对于"对准的"字,只需一个总线周期访问一个字。

8.

(1) 存储器有 15 位地址和 16 位字长,其存储单元的个数为 $2^{15}=32K$,存储器的容量为 $32K\times16$ 位。所以,该存储器能存储的信息总量为:$32K\times16/8B=32K\times2B=64K$(字节)。

(2) 所需的 RAM 芯片的数目$=32K\times16/(2K\times4)=64$(片)。

将 $2K\times4$ 位的 RAM 芯片扩展成 $32K\times16$ 位存储器,需进行字位同时扩展。因为每 4 片的 $2K\times4$ 位进行位扩展才能构成 $2K\times16$ 位。因此,进行字扩展的就有 $64/4=16$(组),而字扩展要求为每组分配不同的片选信号,即要求有 16 个不同的片选信号,所以,需 4 位 $(2^4=16)$地址进行芯片选择。一般片选信号是由高位地址线译码产生的。

9. 因为片内地址为 $A_{11}\sim A_0$,共 12 位,所以此芯片的容量为:$2^{12}\times8=4KB$。由译码电路可得出:$A_{15}=0,A_{14}=1,A_{13}=0,A_{12}=1$ 时,片选信号有效。

所以地址空间的范围是:5000H~5FFFH。

10. 2732EPROM 容量为 4KB,12KB/4KB=3 片。2732 地址线 12 根 $A_{11}\sim A_0$,高位地址 $A_{19}\sim A_{12}$ 采用全译码。用一片 74LS138,C、B、A 分别接 A_{14}、A_{13}、A_{12},$A_{19}\sim A_{15}$ 可以通过或门接 74LS138 的 $\overline{G_{2A}}$。3 片 2732 的片选 $\overline{CS}$ 接 74LS138 的 $\overline{Y_0}$、$\overline{Y_1}$、$\overline{Y_2}$,地址分别为 (00000H~00FFFH)、(01000H~01FFFH)、(02000H~02FFFH)。

6116RAM 容量为 2KB,8KB/2KB=4 片。6116 地址线 11 根 $A_{10}\sim A_0$,高位地址 $A_{19}\sim A_{11}$ 采用全译码。6116 译码电路在 2732 的译码电路的基础上增加了对 A_{11} 的译码。具体为用上述 74LS138 的 $\overline{Y_3}$ 和 A_{11} 通过或门接一片 6116 的片选 $\overline{CS}$,该片 6116 地址为 03000H~037FFH;用 74LS138 的 $\overline{Y_3}$ 和 $\overline{A_{11}}$ 通过或门接一片 6116 的片选 $\overline{CS}$,该片地址为 03800H~03FFFH;用 74LS138 的 $\overline{Y_4}$ 和 A_{11} 通过或门接一片 6116 的片选 $\overline{CS}$,该片地址为 04000H~047FFH;用 74LS138 的 $\overline{Y_4}$ 和 $\overline{A_{11}}$ 通过或门接一片 6116 的片选 $\overline{CS}$,该片地址为 04800H~04FFFH。

11. U_1 的容量为 4KB,U_2、U_3 的容量为 1KB,存储器的总容量为 6KB。U_1 的地址范围分别为地址 02000H~03FFFH 的偶数地址,U_2 的地址范围分别为地址 04000H~047FFH 的偶数地址,U_3 的地址范围分别为地址 04800H~04FFFH 的偶数地址。

第 6 章　输入输出与中断

1. 选择题

(1) A	(2) B	(3) D	(4) A	(5) B
(6) C	(7) B	(8) D	(9) C	(10) B
(11) C	(12) A	(13) C	(14) A	(15) A
(16) C	(17) D	(18) A	(19) C	(20) D

2. 填空题

(1) 条件查询

(2) 控制信息、数据

(3) 4

(4) 256

(5) 46541H

（6）IN、外设状态信息

（7）开中断、更高

（8）3

（9）高

（10）中断类型、软件

3．I/O端口的编址方式有独立编址和统一编址。

独立编址：存储器和I/O端口在两个不同的地址空间，访问I/O端口用专门的IN和OUT指令。

统一编址：存储器和I/O端口共用统一的地址空间，访问存储器的指令同样可以访问I/O端口，无需专门的I/O指令。

4．CPU和外设之间的接口信息有3种，它们是数据信息、状态信息和控制信息。

（1）数据信息，可以有数据量、模拟量、开关量三种类型。

（2）状态信息，表示外设当前所处的工作状态，如READY、BUSY。

（3）控制信息，由CPU发出，用于控制I/O接口的工作方式以及外设启动和停止的信息。

5．CPU与外设之间传送数据有四种方式：无条件传送、查询传送方式、中断传送方式、DMA方式。

无条件传送方式的特点是硬件和软件简单，但这种方式必须在已知且确信外设已准备好的情况下才能使用，否则就会出错，要求CPU与外设是同步工作的。

查询传送方式：在数据传送前必须查询外设的状态，当外设准备好之后才能传送数据；若未准备好，CPU则等待。这种方式保证了数据的准确传送，但当外设没有准备好时，CPU要等待，不能进行其他操作，这样就浪费了CPU的时间，降低了CPU的效率。

中断传送方式：当外设向CPU发出中断申请时，CPU暂停正在执行的程序，转去执行中断服务，待服务程序执行完后即返回断点处，继续执行原程序。中断方式大大提高了CPU的效率。

DMA方式：由专门的硬件（DMA控制器）控制数据在外设与内存之间进行直接数据交换而不通过CPU，这样数据传送的速度上限就取决于存储器的工作速度。

6．用于外部控制过程的各种动作是固定的且已知的场合，外设必须在微处理器限定的指令时间内准备就绪，并完成数据的传送。它是最简便的传送方式，所需的硬件和软件都较少，传送速度较快。

7．当CPU内部或外部因某种事件发生需要处理时，向CPU提出申请，CPU就暂时中断当前的工作，转去执行请求中断的那个事件的服务程序，待服务程序执行完后，立即返回被暂时中断了的程序，并从断点处继续向下执行，这一过程称为中断。实现这种功能的部件称为中断系统。产生中断的请求源称为中断源。

中断的处理过程为：

（1）保护现场

（2）开中断

（3）中断服务

（4）关中断

143

附录A

习题参考答案

（5）恢复现场

（6）开中断返回

8. 8086/8088 的中断共分为两种：软件中断（内部中断）、硬件中断（外部中断）。

软件中断是由指令的执行所引起的，包括以下情况：除法出错中断、单步中断、INTO 溢出中断、中断指令 INT n。

硬件中断是由 CPU 外部请求所引起的中断，有两条外部请求输入线，非屏蔽中断 NMI 和可屏蔽中断 INTR。

9. 8086/8088 中各类中断的优先级由高到低的顺序是：

除法出错中断、INTO 溢出中断、中断指令 INT n→NMI→INTR→单步中断

10.

（1）该中断请求持续时间太短。

（2）CPU 未能在当前指令周期的最后一个时钟周期采样到中断请求信号。

（3）CPU 处于关中断状态。

（4）该中断级被屏蔽。

11. 可以容纳 256 个中断向量。中断向量表指针是 13H×4＝004CH。

因（CS）＝0F000H，（IP）＝0EC59H，故中断服务程序入口地址为 0FEC59H。

12. 堆栈的物理地址为 3311EH。

（（SP））＝4AH、（（SP＋1））＝22H、（IP）＝（00101H）（00100H）

13. 参考程序：

（1）利用 MOV 指令设置中断向量

```
      ⋮
MOV   AX,0
MOV   ES,AX
MOV   BX,60H×4
MOV   AX,OFFSET INTR60
MOV   ES: WORD PTR [BX],AX
MOV   AX,SEG INTR60
MOV   ES: WORD PTR [BX＋2],AX
```

（2）借助 DOS 功能调用（INT 21H 的 25H 功能号）设置中断向量

```
MOV   AX,SEG INTR60
MOV   DS,AX
MOV   DX,OFFSET INTR60
MOV   AL,0BH
MOV   AH,25H
INT   21H
```

14. 参考程序：

```
      LEA   SI,BUFFER
      MOV   CX,4000
L1:   MOV   DX,2F1H
L2:   IN    AL,DX
      SHL   AL,1
```

```
        JNC  L2              ;查询状态
        DEC  DX
        IN   AL,DX           ;输入数据
        MOV  [SI],AL
        INC  SI
        LOOP L1
```

15.

(1) IRR 是中断请求寄存器,用来存放从外设来的中断请求信号 $IR_0 \sim IR_7$。

(2) ISR 是中断服务寄存器,用来记忆正在处理的中断级别。

(3) IMR 是中断屏蔽寄存器,用来存放 CPU 送来的屏蔽信号,当 IMR 中某一位或几位为 1 时,对应的中断请求被屏蔽。

16.

(1) 8259A 可编程中断控制器有 8 个中断请求输入引脚 $IR_0 \sim IR_7$。单片使用时,用这些引脚可同时接收 8 个外设的中断请求。

(2) 级联使用时,从片的 INT 引脚应与主片 $IR_0 \sim IR_7$ 中的任一引脚相连。

第 7 章 并 行 接 口

1. 选择题

(1) C   (2) A   (3) D   (4) C   (5) C

(6) D   (7) A   (8) B   (9) B   (10) D

(11) C   (12) D   (13) D   (14) B   (15) D

(16) C   (17) B   (18) C   (19) D   (20) C

2. 填空题

(1) 选通输入/输出方式、双向传输方式

(2) 0110000

(3) $PC_7 \sim PC_3$

(4) 0

(5) 方式控制

(6) A

(7) 共阳、共阴、共阴

(8) 方式 1、方式 2

(9) 静态、动态

(10) A_2、A_1

(11) 可编程的通用并行输入输出

3. A 口可以工作在方式 0、方式 1、方式 2;B 口可以工作在方式 0、方式 1。

4. 8255A 的方式控制字为 11000100B。

5. 方式 0 为基本输入输出方式,它适合于不需要应答信号的简单输入/输出场合,在这种情况下,A 口和 B 口作为 8 位的端口,C 口的高 4 位和低 4 位可作为两个 4 位的端口。方式 1 为选通输入输出方式,C 口的部分口线作为联络线,而这些信号与端口 C 的位之间有着固定的对应关系,这种关系不是程序可以改变的,除非改变工作方式。

6. 参考程序段：

```
MOV  DX,8003H
MOV  AL,00001011B
OUT  DX,AL              ; PC₅ 置 1
MOV  AL,00000110B
OUT  DX,AL              ; PC₃ 置 0
```

7. 初始化程序段：

```
MOV  DX,8003H
MOV  AL,10000110B       ; 方式控制字
OUT  DX,AL              ; 送控制口
```

8. 数据从 8255A 的端口 C 读入 CPU，表示 8255A 被选通，故 $\overline{CS}$ 为低电平；由于此时对 8255A 端口 C 操作，因此 A_1A_0 应分别为 1（高电平）、0（低电平）。CPU 执行的是读操作，故 $\overline{RD}$ 为低电平，$\overline{WR}$ 为高电平。

9. 参考程序：

```
     MOV  AL,10000000B      ; 8255A 初始化
     OUT  63H,AL            ; A 口、B 口未用, C 口低 4 位输出
L1:  MOV  AL,00000001B
     OUT  63H,AL            ; PC₀←1
     CALL D5S
     MOV  AL,00000000B
     OUT  63H,AL            ; PC₀←0
     CALL D5S
     JMP  L1
```

10. 初始化程序及中断矢量设置的参考程序为：

```
MOV  AL,0B9H             ; 控制字
OUT  0B6H,AL
CLI                     ; 关中断
MOV  AL,08H
OUT  0B6H,AL            ; 关 8255A 中断
MOV  AX,0
MOV  DS,AX
MOV  DI,0FH×4
MOV  AX,OFFSET PASER    ; 取中断服务子程序的偏移地址
MOV  [DI],AX
MOV  AX,SEG PASER       ; 取中断服务子程序的段基址
MOV  [DI+2],AX
MOV  AL,09H
OUT  0B6 H,AL           ; 开 8255A 中断
STI                     ; 开中断
```

11. 将行线接输出口，列线接输入口，当按键没有按下时，所有列线输入端都是高电平。采用行扫描法，先将某一行输出为低电平，其他行输出为高电平，用输入口来查询列线上的电平，逐次读入列值，如行线上的值为 0 时，列线上的值也为 0，则表明有键按下。否则，接着读入下一列，直到该行有按下的键为止。如该行没有找到有键按下，就按此方法逐行找下

去,直到扫描完全部的行和列为止。

12. 参考程序如下:

```
        MOV   DX,PORTCN
        MOV   AL,10000010B              ; 8255A 初始化
        OUT   DX,AL
WAIT:   MOV   DX,PORTA
        MOV   AL,0
        OUT   DX,AL
        MOV   DX,PORTB
        IN    DX,AL
        CMP   AL,0FFH
        JZ    WAIT
```

13.

(1) 8255A 的端口地址分别为 88H~8BH。

(2) 参考程序如下:

```
        MOV   AL,10000011B
        OUT   8BH,AL                    ; 8255A 初始化
LP:     IN    AL,8AH                    ; 读入手动开关量
        TEST  AL,04H                    ; 未准备好,继续等待
        JNZ   LP
        IN    AL,89H                    ; 开关量送 LED 显示
        OUT   88H,AL
        HLT
```

第 8 章 串 行 接 口

1. 选择题

(1) B　　　(2) B　　　(3) D　　　(4) B　　　(5) D　　　(6) C

(7) C　　　(8) B　　　(9) C　　　(10) A　　　(11) D

2. 填空题

(1) 异步通信

(2) 复位 RESET、复位命令字($D_6=1$ 的命令字)

(3) 并—串转换

(4) 串行通信

(5) 串行

(6) 全双工

3. 异步的含义是发送器和接收器不共享共用的同步信号,也不在数据中传送同步信号,它是在字符的首尾放置起始位和停止位,供接收端用起始位和停止位判断一个字符。

4. 由于每发送一个 7 位的字符,就必须发送 $1+7+1+2=11$ 个串行数据位,因此每分钟发送的字符个数 $=1200/11×60≈6545$。

在异步方式下,发送时钟频率是波特率的 1、16 或 64 倍,即波特率系数的倍数。由于波特率因子为 16,因此,发送时钟频率 $=1200×16=19200=19.2(kHz)$。

5.

(1) 并行通信适宜于近距离数据传送,串行通信适宜于远距离数据传送。

(2) 并行传送速度快,串行传送的速度慢,它们传送的速率和距离成反比。

(3) 串行通信的费用比并行通信低。

6. 因为 RS-232C 通信标准规定的电平信号 $-5V \sim -15V$ 为逻辑 1,$+5V \sim +15V$ 为逻辑 0,因此在通信时要与 TTL 电平之间加转换器。通常用 MC1488 实现 TTL→RS-232C;MC1489 实现 RS-232C→TTL,也可用 MAX232 芯片实现 RS-232C 与 TTL 之间的电平转换。

7. 计算机的通信是一种数字信号的通信,在长距离通信时,若用数字信号直接传送,经过传送线,信号会发生畸变,因此,在远距离的计算机与计算机或计算机与外设之间进行通信时,就要通过调制解调器,在计算机输出时把数字信号转换为模拟信号;在输入计算机时把模拟信号转换为数字信号。故此,远距离通信时,必须在计算机的输出端和远方终端的接收处分别加调制解调器。

8. 方式控制字:

7AH

0	1	1	1	1	0	1	0

命令控制字:

3FH

0	0	1	1	1	1	1	1

9. 8251A 初始化编程:

```
CSHCX: MOV   AX,0
       MOV   CX,03H
       MOV   DX,0DAH          ;控制地址
BBB:   CALL  YYY
       LOOP  BBB
       MOV   AL,40H           ;复位命令字(D₆=1 的命令字)
       CALL  YYY
       MOV   AL,4EH           ;设置 8251A 为异步方式,波特率因子为 16
       CALL  YYY              ;8 位数据位,1 位停止位
       MOV   AL,37H           ;命令 8251A 发送器和接收器启动
       CALL  YYY
;输出子程序,将 AL 中数据输出到 DX 指示的端口
YYY    PROC
       OUT   DX,AL
       PUSH  CX
       MOV   CX,02H
DDD:   LOOP  DDD              ;延时
       POP   CX
       RET
YYY    ENDP
```

发送子程序编程说明：

将输出到 CRT 的字符事先放在堆栈中,发送时先对状态字的 TxRDY 位进行测试,若为 1 表示发送缓冲器已空,CPU 向 8251A 输出一个字符使它继续向 CRT 发送。

```
; 发送子程序
SEND    PROC
        MOV    DX,0DAH
CCC:    IN     AL,DX          ; 读状态
        TEST   AL,01H         ; 判 TxRDY 是否为 1?
        JZ     CCC
        MOV    DX,0D8H        ; 数据地址
        POP    AX
        OUT    DX,AL          ; 发送数据
        RET
SEND    ENDP
```

接收子程序编程说明：

从键盘接收的字符放入 AL 中,接收程序先对状态字的 RxRDY 位进行测试,若为 0 表示接收的数据未准备好,不能输入数据,继续测试;若 RxRDY 位为 1,表示接收缓冲器中来自键盘的数据已准备好,CPU 可从 8251A 输入一个字符至 AL 中,然后再继续处理。

```
; 接收子程序
RECE    PROC
        MOV    DX,0DAH
EEE:    IN     AL,DX          ; 读状态
        TEST   AL,02H         ; 判 RxRDY 是否为 1?
        JZ     EEE
        MOV    DX,0D8H
        IN     AL,DX          ; 接收数据
        RET
RECE    ENDP
```

第 9 章　计数器/定时器

1. 选择题

(1) C　　(2) C　　(3) D　　(4) B　　(5) C

(6) B　　(7) C　　(8) D　　(9) A　　(10) D

2. 填空题

(1) 软件延时、可编程的定时/计数器芯片

(2) 写控制命令、写计数初值

(3) 16

(4) 3

(5) 4

(6) 方式 3

(7) $D_3 D_2 D_1$

（8）二进制

（9）1

（10）0

3. CLK：输入信号，用于计数工作时，作为计数脉冲输入；用于定时工作时，作为定时基准脉冲输入。

OUT：输出信号，用于计数工作时，指示计数满的输出信号；用于定时工作时，作为指示定时时间到的输出信号。

GATE：输入信号，用于启动或禁止"减1计数器"的计数操作。

4.

（1）方式0是计数结束停止计数方式。

（2）方式1是可重复触发单稳态方式。

（3）方式2是分频器工作方式。

（4）方式3是方波输出方式。

为便于重复计数最好选用方式2和方式3。

5.

（1）写入一次计数初值后，输出连续波形。其实质是，当减1计数器减为0时，计数初值寄存器CR立即将原写入的计数初值再次送入减1计数器，并开始下一轮的计数，即CR内容能自动地、重复地装入到CE中。

（2）计数器既可采用软件触发启动（此时GATE必须为高电平）；也可采用硬件启动（由GATE引脚上电平从低到高的跳变）。

（3）方式2的OUT端输出$N-1$个CLK的正脉冲，1个CLK的负脉冲；而方式3的OUT端输出对称的方波（计数初值N为偶数）或近似对称的方波（计数初值N为奇数）。

6. 方式1：硬件可重复触发单稳态方式；方式5：硬件触发选通方式。方式5和方式1相比，两者均为硬件触发启动计数器工作的方式，但在OUT端输出的负脉冲宽度不一样，方式1输出计数初值N个CLK宽度的负脉冲，而方式5仅输出1个CLK宽度的窄负脉冲。

7. 8253的每一个计数器都有一个16位的输出锁存器OL，一般情况下它的值随计数器的变化而变化。因此，CPU在读取计数值时，要锁存当前计数器的值。其方法是向8253输出一个计数器锁存命令。当写入锁存控制命令后，它就把计数器的现行值锁存，此时计数器继续计数。这样，CPU就可用输入指令从所读计数器口地址读取锁存器中的值。CPU读取了计数值后，自动解除锁存状态，它的值又随计数器而变化。

8.

（1）采用二进制计数时，如果计数初值N为8位二进制数（十进制数≤255），则在用MOV AL,N写入AL时，N可以写成任何进制数。如果计数初值N为16位二进制数（十进制数≤65535），则可有两种方式写入，一种是把十进制数转换成4位十六进制数，分两次写入对应的计数通道（先低后高）；另一种是把十进制数直接写入AX（由系统自动转化成十六进制数），即

```
MOV  AX,N
OUT  PORT,AL              ; PORT 为通道地址
```

```
        MOV   AL,AH
        OUT   PORT,AL
```

（2）采用十进制计数时，必须把计算得到的计数初值的十进制数后加上 H，变成 BCD
码表示形式，例如 $N=50$，则写为：

```
        MOV   AL,50H
        OUT   PORT,AL
```

如果 $N=1250$，则写为：

```
        MOV   AL,50H
        OUT   PORT,AL
        MOV   AL,12H
        OUT   PORT,AL
```

（3）若采用二进制计数，计数初值为 0 时，计数值最大，为 65536；若采用十进制计数，
计数初值为 0 时，计数值最大，为 10000。

9.

```
        MOV   DX,283H
        MOV   AL,16H              ; 计数器 0 初始化
        OUT   DX,AL
        MOV   DX,280H
        MOV   AL,00H
        OUT   DX,AL               ; 写入计数值
        MOV   DX,283H
        MOV   AL,0B5H             ; 计数器 2 初始化
        OUT   DX,AL
        MOV   DX,282H
        MOV   AL,00H
        OUT   DX,AL               ; 先写低 8 位
        MOV   AH,10H
        OUT   DX,AL               ; 再写高 8 位
```

10. 2MHz 的时钟，周期为 0.5us，应计数 30000 次，十六进制数为 7530H。

单稳态方式为工作方式 1，其方式控制字为 10110010。

计数初值低位为 30H；高位为 75H。

11. 工作方式为方式 2，计数初值为 500。

```
        MOV   AL,0B4H            ; 二进制计数
        OUT   07H,AL            ; 写入控制字
        MOV   AL,0F4H
        OUT   06H,AL            ; 写入计数值
        MOV   AL,01H
        OUT   06H,AL
```

也可以是：

```
        MOV   AL,0B5H            ; BCD 计数
```

```
OUT    07H,AL
MOV    AL,00H
OUT    06H,AL
MOV    AL,05H
OUT    06H,AL
```

12. 由于是按二进制方式计数,计数初值为 FFFFH,即 65535,而计数频率为 2MHz,即每过 0.0005ms 计一个数,故计完时间为 $65535 \times 0.0005 = 32.7675(ms)$,即发出中断请求信号的周期是 32.7675ms。

13. CLK_0 为 1MHz,周期为 $1\mu s$,OUT_0 为 50kHz,则计数初值为 $1000/50 = 20$。而方波的输出波形,当计数初值为偶数时,高电平和低电平的持续时间相等,各占 10 个 Tclk,即 $10\mu s$。

第 10 章　数/模和模/数转换

1. 选择题

(1) A　　　(2) D　　　(3) D　　　(4) A　　　(5) D

(6) C　　　(7) A　　　(8) A

2. 填空题

(1) 传感器

(2) 建立时间

(3) 转换时间

(4) 逐次逼近、$\pm 1/2 LSB = \pm 9.75mV$

(5) 模拟量的瞬时值

3. 是指 D/A 转换器对输入量变化的敏感程度的描述,通常用数字量的位数来表示。对于一个分辨率为 n 位的转换器,能够分辨满刻度的 $1/2^n$ 的输入信号,所以,n 位二进制数最低位具有的权值就是它的分辨率。

4. DAC0832 采用 8 位梯形电阻网络,将数字量转换成模拟量,并以电流的形式输出,I_{out1} 输出随数字量的大小作线性变化,I_{out2} 随数字量的反码大小作线性变化。$I_{out1} + I_{out2} =$ 常数。

要求 I_{out1} 和 I_{out2} 两端等于或非常接近地电位,因此可用一级运放作为电流—电压的变换,该运放必须反向输入,保证 I_{out1} 为地电位(运放同相端接地,反相端虚地)。

运放的反馈电阻采用 DAC0832 内部的 R_{FB},这样可以保证精度及良好的温度特性。

由于反相输入经运放后要反一次相,因此输出 0~5V 的模拟电压,V_{REF} 应接 -5V。相关的电路实现如图 A.1 所示。

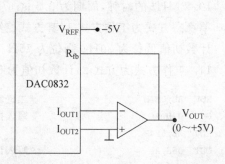

图 A.1　DAC0832 电流—电压的变换图

5. 多路 D/A 同时输出,这就需要双缓冲寄存器。由于计算机是分时操作,同时给几个 D/A 送控制量是办不到的,采取的方案是首先分别给几个 D/A 送控制字到输入缓冲寄存器,控制信号为 ILE、$\overline{CS}$、$\overline{WR_1}$,此时 D/A 并不开始转换。然后同时启动 DAC 寄存器,控制信号为 $\overline{XFER}$、$\overline{WR_2}$,这就保证了几路 D/A 同时转换,接线图如图 A.2 所示。

驱动程序如下:

```
MOV  DX,0800H    ;给出 D/A 的起始地址
MOV  AL,DATA0    ;给出第 0 路的数字量
OUT  DX,AL       ;数据送第 0 路输入寄存器
INC  DX          ;第 1 路输入寄存器地址
MOV  AL,DATA1
OUT  DX,AL       ;数据送第 1 路输入寄存器
INC  DX
MOV  AL,DATA2    ;数据送第 2 路输入寄存器
OUT  DX,AL
INC  DX          ;XFER的地址
OUT  DX,AL       ;同时启动转换
```

6. 产生锯齿波程序:

```
CCC:  MOV  AL,VOUNT
      INC  AL
      MOV  COUNT,AL
      MOV  DX,34CH
      OUT  DX,AL
      JMP  CCC
```

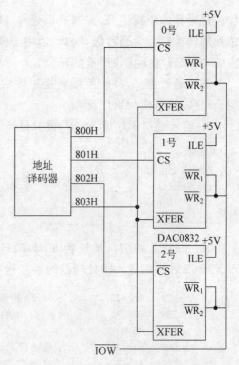

图 A.2 多路 D/A 同时输出双缓冲接口图

产生三角波程序:

```
AAA:  MOV  AL,COUNT
      INC  AL
      MOV  COUNT,AL
      MOV  DX,34CH
      OUT  DX,AL
      CMP  AL,0FFH
      JNZ  AAA
BBB:  MOV  DX,AL
      DEC  AL
      MOV  COUNT,AL
      CMP  AL,0
      JNZ  BBB
      JMP  AAA
```

7. A/D 的分辨率是指 A/D 转换器对输入量变化的敏感程度,通常用转换器输出数字量的位数来表示。例如,对 8 位 A/D 转换器,其数字输出量的变化范围为 $0\sim255$,当输入电压为 5V 时,转换电路对输入模拟电压的分辨能力为 $5V/255=19.6\text{mV}$。

A/D 转换器的精度是指与数字输出量所对应的模拟输入量的实际值与理论值之间的差值。通常用最小有效位 LSB 的数值来表示。

8. 双积分 A/D 转换器电路简单,对常态干扰(串模干扰)有很强的抑制作用,尤其对正

负波形对称的干扰信号,抑制效果更好,同时转换精度高,但转换速度慢,常用的 A/D 转换芯片的转换时间为毫秒级,因此,适用于模拟信号变化缓慢、采样速率要求较低、而对精度要求较高,或现场干扰较严重的场合。

逐次逼近型 A/D 转换器转换速度快,但转换精度较双积分 A/D 转换器低。逐次逼近型 A/D 转换器应用更广泛。

9. 输入通道 IN$_7$ 读入一个模拟量经 ADC0809 转换后进入微处理器的程序段:

```
MOV    AL,07H
OUT    85H,AL
CALL   Delay
IN     AL,85H
HLT
```

10. 8255A 的端口地址为 80H,81H,82H,83H。从输入通道 IN$_7$ 读入一个模拟量经 ADC0809 转换后送入微处理器的参考程序段:

```
        MOV    AL,88H      ; 8255A 初始化,PC 口的高 4 位为输入
        OUT    83H,AL      ; PB 口为输出
        MOV    AL,07H
        OUT    81H,AL      ; 取通道 7,产生 PB₄ 为触发信号
        MOV    AL,17H      ; 启动 ADC0809
        OUT    81H,AL
        MOV    AL,07H
        OUT    81H,AL      ; 在 PB₄ 产生启动转换信号
LOP:    IN     AL,82H      ; 检查 EOC
        TEST   AL,80H
        JZ     LOP         ; EOC = 0,继续查询
        IN     AL,84H      ; EOC = 1,使 0809 的 OE 有效,允许输出
        HLT
```

第 11 章   总 线 技 术

1. 选择题

(1) D   (2) C   (3) A   (4) D   (5) C

2. 填空题

(1) 62、8、20

(2) 局部、完全兼容

(3) 32

(4) 加速图形端口、总线规范

(5) 小型计算机系统接口、主机

3. 采用一组线路,配置适当的接口电路,与存储器和各种外围设备连接组成微型计算机系统,这组共有的连接线路就称为总线。根据总线的结构和使用范围,常用的总线结构形式有单总线、双总线和多总线。

4. PCI 是 Peripheral Component Interconnect 的缩写,即外围元件互联。PCI 属于高性能局部总线,PCI 局部总线的时钟频率为 33MHz,可扩展到 66MHz,数据总线为 32 位可

扩展到 64 位,可支持多组外围部件。PCI 提供了一套整体的系统解决方案,能提高网卡、硬盘的性能;可高效地配合视频、图形及各种高速外围设备进行数据传输。PCI 除了具有常规总线主控功能加速执行高吞吐量、高优先级的任务外,对于 PCI 兼容的外围设备,由于它能提供较快速的存取速度,能够大幅度减少外围设备取得总线控制权所需的时间,较好地解决了大批量高速传输过程中,由于处理不及时造成外设数据丢失的问题。

5. AGP(Accelerated Graphics Port)即加速图形端口。Intel 公司开发 AGP 标准,推出 AGP 的主要目的就是要大幅提高高档 PC 的图形尤其是 3D 图形的处理能力。它是一种为了提高视频带宽而设计的总线规范。它支持的 AGP 插槽可以插入符合该规范的 AGP 插卡。其视频信号的传输速率可以从 PCI 的 132MB/s 提高到 266MB/s 或者 532MB/s。采用 AGP 的目的是为了使 3D 图形数据越过 PCI 总线,直接送入显示子系统。这样就能突破由 PCI 总线形成的系统瓶颈,从而实现以相对低的价格来实现高性能 3D 图形的描绘功能。

附录 B 调试程序 DEBUG 的主要命令

DEBUG 程序是专门为汇编语言设计的一种调试工具。它通过单步、跟踪、断点、连续等方式为汇编语言程序员提供了非常有效的调试手段。

一、DEBUG 程序的调用

在 DOS 下,可输入命令:

C>DEBUG[驱动器][路径][文件名][参数 1][参数 2]

其中文件名是被调试文件的名字,它必须是可执行文件(EXE),两个参数是运行被调试文件时所需要的命令参数,在 DEBUG 程序调入后,出现提示符"—",此时,可键入所需的 DEBUG 命令。

二、常用 DEBUG 命令

注意:在 DEBUG 调试的过程中,系统默认为十六进制,故不再加 H 后缀。

1. 显示内存单元内容的命令 D,格式为

—D[地址] 或 —D[范围]

2. 修改内存单元内容的命令 E,有两种格式:

(1)用给定的内容代替指定范围的单元内容:

—E 地址内容表

例如:

—E DS: 100 F3"WXYZ"8D

其中 F3,"W","X","Y","Z"和 8D 各占一个字节,用这 6 个字节代替原内存单元 DS: 100 到 105 的内容,"W","X","Y","Z"将分别按它们的 ASCII 码值代入。

(2)逐个单元相继地修改:

—E 地址

例如,要修改当前段偏移地址 0100 字节单元的内容,输入:

—E 100

显示 18E4: 0100 89

说明该单元当前的内容为 89H,若输入 78(回车),则该单元的内容就变为 78H 了。

3. 检查和修改寄存器内容的命令 R,有三种方式:

(1) 显示 CPU 内部所有寄存器内容和标志位状态,格式为:

—R

R 命令所显示的标志位状态含义如表 B.1 所示。

表 B.1 标志位状态的含义

标 志 名	置 位	复 位
溢出 Overflow(是/否)	OV	NV
方向 Direction(减量/增量)	DN	UP
中断 Interupt(允许/屏蔽)	EI	DI
符号 Sign(负/正)	NG	PL
零 Zero(是/否)	ZR	NZ
辅助进位 Auxiliary Carry(是/否)	AC	NA
奇偶 Parity(偶/奇)	PE	PO
进位 Carry(是/否)	CY	NC

(2) 显示和修改某个指定寄存器内容,格式为:

—R 寄存器名

例如,输入:

—R AX

显示:AX 1678
表示 AX 当前内容为 1678,此时若不作修改,可按回车键,如果输入以下内容:

AX 1234

则 AX 的内容就会由 1678 改为 1234。

(3) 显示和修改标志位状态,命令格式为:

—RF

系统响应后,会将标志内容显示出来,如:

OV DN EI NG ZR AC PE CY—

此时若想改变任一标志,不按回车键,直接在"—"之后输入该标志的名称即可,输入顺序任意,如 OV DN EI NG ZR AC PE CY—PONZDINV。

按回车键则停止 R 命令,任何没有指定新值的标志将保持不变。

4. 运行命令 G,格式为:

—G[= 地址 1][地址 2[地址 3…]]

其中地址 1 规定了运行起始地址,后面的若干地址均为断点地址。

5. 追踪命令 T,有两种格式:

(1) 逐条指令追踪

—T[= 地址]

该命令从指定地址起执行一条指令后停下来,显示寄存器内容和状态值。

(2) 多条指令追踪

—T[= 地址][值]

该命令从指定地址起执行 N 条指令后停下来,N 由[值]确定。

6. 汇编命令 A,格式为:

—A[地址]

该命令从指定地址开始允许输入汇编语句,把它们汇编成机器码放在从指定地址开始的存储器中。

7. 反汇编命令 U,有两种格式:

(1) 从指定地址开始反汇编

—U[地址]

该命令从指定地址开始,反汇编 32 个字节,若地址省略,则从上一个 U 命令的最后一条指令的下一单元开始显示 32 个字节。

(2) 对指定范围的内存单元进行反汇编

—U 范围

该命令对指定范围的内存单元进行反汇编,例如:

—U 04BA: 0100 0108　或　—U 04BA: 0100 L9

此两命令是等效的。

8. 命名命令 N,格式为:

—N 文件标识符[文件标识符]

此命令将两个文件标识符格式化在 CS: 5CH 和 CS: 6CH 的两个文件控制块内,供以后的 L 和 W 命令操作之用。

9. 装入命令 L,它有两种功能:

(1) 把磁盘上指定扇区的内容装入到内存指定地址起始的单元中,格式为:

—L 地址 驱动器 扇区号 扇区数

(2) 装入指定文件,格式为:

—L[地址]

此命令装入已在 CS: 5CH 中格式化的文件控制块所指定的文件。

在使用 L 命令前,BX 和 CX 中应包含所读文件的字节数。

10. 读端口命令 I,格式为：

—I 端口

该命令从端口读入值。

11. 写端口命令 O,格式为：

—O 端口 值

如：清除 CMOS 信息

—O 70 10
—O 71 10

12. 写命令 W,有两种格式：

(1) 把数据写入磁盘的指定扇区。

(2) 把数据写入指定文件中：

—W[地址]

此命令把指定内存区域中的数据写入由 CS:5CH 处的 FCB 所规定的文件中。在使用 W 命令前,BX 和 CX 中应包含要写入文件的字节数。

13. 退出 DEBUG 命令 Q,该命令格式为：

—Q

此命令退出 DEBUG 程序,返回 DOS,但该命令本身并不把内存中的文件存盘,如需存盘,应在执行 Q 命令前先执行写命令 W。

附录 C | 汇编程序出错信息

编 码	说　　明
0	Block nesting error 嵌套过程、段、结构、宏指令、IRC、IRP 或 REPT 不是正确结束,如嵌套的外层已终止,而内层还是打开状态。
1	Extra characters on line 当一行上已接受了定义指令说明的足够信息,而又出现多余的字符。
2	Register already defined 汇编内部出现逻辑错误
3	Unknown symbol type 符号语句的类型字段中有些不能识别的东西
4	Redefinition of symbol 在第二遍扫视时,连续地定义一个符号
5	Symbol is multi-defined 重复定义一个符号
6	Phase error between passes 程序中有模棱两可的指令,以至于在汇编程序的两次扫视中,程序标号的位置在数值上改变了。
7	Already had ELSE clause 在 ELSE 从句中试图再定义 ELSE 从句
8	Not in conditional block 在没有提供条件汇编指令的情况下,指定了 ENDIF 或 ELSE
9	Symbol not defined 符号没有定义
10	Syntax error 语句的语法与任何可识别的语法不匹配
11	Type illegal in context 指定的类型在长度上不可接收
12	Should have been group name 给出的组名不符合要求
13	Must be declared in pass 1 得到的不是汇编程序所要求的常数值,例如,向前引用的向量长度。
14	Symbol type usage illegal PUBLIC 符号的使用不合法

编 码	说　　明
15	Symbol already different kind 企图定义与以前定义不同的符号
16	Symbol is reserved word 企图非法使用一个汇编程序的保留字
17	Forward reference is illegal 向前引用必须是在第一遍扫视中定义过的
18	Must be register 希望寄存器作为操作数,但用户提供的是符号而不是寄存器。
19	Wrong type of register 指定的寄存器类型并不是指令或伪操作所要求的,如 ASSUME AX
20	Must be segment or group 希望给出段或组,而不是其他
21	Symbol has no segment 想使用具有 SEG 的变量,而这个变量不能识别段
22	Must be symbol type 必须是 WORD,DW,QW,BYTE 或 TB,但接收的是其他内容。
23	Already defined locally 试图定义一个符号作为 EXTERNAL,但这个符号已经在局部定义过了。
24	Segment parameters are changed 对于 SEGMENT 的变量表与第一次使用该段的情况不一样
25	NOT proper align/combine type SEGMENT 参数不正确
26	Reference to mult defined 指令引用的内容已是多次定义过的
27	Operand was expected 汇编程序需要的是操作数,但得到的却是其他内容
28	Operator was expected 汇编程序需要的是操作符,但得到的却是其他内容
29	Division by 0 or overflow 给出一个用零作除数的表达式
30	Shift count is negative 产生的移位表达式使移位计数值为负数
31	Operand type must be match 在自变量的长度和类型应该一致的情况下,汇编程序得到的并不一样,如交换。
32	Illegal use of external 用非法的手段进行外部使用
33	Must be record field name 需要的是记录字段名,但得到的是其他东西
34	Must be record or field name 需要的是记录名或字段名,但得到的是其他东西
35	Operand must have size 需要的是操作数的长度,但得到的是其他内容

161

编　码	说　　　明
36	Must be var, label or constant 需要的是变量、标号或常数,但得到的是其他内容
37	Must be structure field name 需要的是结构字段名,但得到的是其他内容
38	Left operand must have segment 操作数的右边要求它的左边必须是某个段
39	One operand must be const 这是加法指令的非法使用
40	Operands must be same or 1 abs 这是减法指令的非法使用
41	Normal type operand expected 当需要变量标号时,得到的却是 STRUCT,FIFLDS,NAMES,BYTE,WORD 或 DW
42	Constant was expected 需要的是一个常量,得到的却是另外的内容
43	Operand must have segment SEG 伪操作使用不合法
44	Must be associated with data 有关项用的代码,而这里需要的是数据,例如用一个过程取代 DS
45	Must be associated with code 有关项用的是数据,而这里需要的是代码
46	Already have base register 试图重复基地址
47	Already have index register 试图重复变址地址
48	Must be index or base register 指令需要基址或变址寄存器,而指定的是其他寄存器
49	Illegal use of register 在指令中使用了 8088 没有的寄存器
50	Value is out of range 数值大于需要使用的,例如将 DW 传送到寄存器中
51	Operand not in IP Segment 由于操作数不在当前 IP 段中,因此不能存取
52	Improper operand type 使用的操作数不能产生操作码
53	Relative jump out of range 指定的转移超出了允许的范围($-128\sim+127$ 字节)
54	Index displ must be constant 试图使用脱离变址寄存器的变量偏移值
55	Illegal register value 指定的寄存器值不能放入 reg 字段中,(reg 字段大于7)
56	No immediate mode 指定的立即方式或操作码都不能接收立即数,如 PUSH

编 码	说　　　明
57	Illegal size for item 引用的项的长度是非法的,如双字的移位
58	Byte register is illegal 在上下文中,使用一字节寄存器是非法的,如 PUSH AL
59	CS register illegal usage 试图非法使用 CS 寄存器,如 XCHG CS,AX
60	Must be AX or AL 某些指令只能用 AX 或 AL,如 IN 指令
61	Improper use of segment reg 段寄存器使用不合法。例如,立即数传送到段寄存器
62	NO or unreachable CS 试图转移到不可到达的标号
63	Operand combination illegal 在双操作数指令中,两个操作数的组合不合法
64	Near Jmp/Call to different CS 企图在不同的代码段内执行 NEAR 转移或调用
65	Label can't have seg override 非法使用段取代
66	Must have opcode after prefix 使用前缀指令之后,没有正确的操作码说明
67	Can't override ES segment 企图非法地在一条指令中取代 ES 寄存器,如存储字符串
68	Can't reach with segment reg 没有做变量可达到的那种假设
69	Must be in segment block 企图在段外产生代码
70	Can't use EVEN on BYTE segment 被提出的是一个字节段,但试图使用 EVEN
71	Forward needs override 目前不使用这个信息
72	Illegal value for Dup count DUP 计数必须是常数,不能是 0 或负数
73	Symbol already external 企图在局部定义一个符号,但此符号已经在外部定义了
74	DUP is too large for inker DUP 嵌套太长,以至于从连接程序不能得到一个记录
75	Usage of ? (indeterminate)bad "?"使用不合适。例如,? +5
76	Too many value for struc or record initlalization 在定义结构变量或记录变量时,初始值太多
77	Angle brackets required around initialized list 定义结构变量时,初始值未用尖括号"《》"括起来

163

附录 C

汇编程序出错信息

编　码	说　　明
78	Directive illegal in structure 在结构定义中的伪指令语句使用不当
79	Override with DUP illegal 在结构变量初始值表中使用 DUP 操作符出错
80	Field cannot be overridden 在定义结构变量语句中试图对一个不允许修改的字段设置初值
81	Override is of wrong type 在定义结构变量语句中设置初值时类型出错
82	Circular chain of EQU aliases 用等值语句定义的符号名,最后又返回指向它自己。如: A EQU　B B EQU　A
83	Cannot cmulate cooprocessor opcode 仿真器不能支持的 8087 协处理器操作吗
84	End of file,no END directive 源程序文件无 END 语句
85	Data emitted with no segment 数据语句没有在段内

参 考 文 献

[1] 戴梅萼,史嘉权.微型机原理与技术——习题、实验和综合训练题集.2 版.北京:清华大学出版社, 2009.
[2] 戴梅萼,史嘉权.微型计算机技术及应用.4 版.北京:清华大学出版社,2008.
[3] 温冬婵,沈美明.IBM-PC 汇编语言程序设计.2 版.北京:清华大学出版社,2007.
[4] 孙德文.微型计算机及接口技术.北京:经济科学出版社,2007.
[5] 周明德.微机原理与接口技术.2 版.北京:人民邮电出版社,2007.
[6] 胡钢,王萍,张慰兮.微机原理及应用.2 版.北京:机械工业出版社,2005.
[7] 王萍,周根元,李云.微机原理应用实践.2 版.北京:机械工业出版社,2005.
[8] 杨有君.微型计算机原理及应用.北京:机械工业出版社,2005.
[9] 李芷.微机原理与接口技术.北京:电子工业出版社,2003.
[10] TPC-2003 通用 32 位微机接口实验系统教师用实验指导书.清华大学计算机系清华大学科教仪器厂,2003.
[11] TPC-H 微机接口实验系统学生实验指导书.清华同方股份有限公司教学仪器设备公司,2002.
[12] 周明德.微机原理与接口技术实验指导与习题集.北京:人民邮电出版社,2002.
[13] 孙德文.微型计算机及接口技术自考应试指导.南京:南京大学出版社,2001.
[14] 温冬婵,沈美明.IBM-PC 汇编语言程序设计例题习题集.3 版.北京:清华大学出版社,2000.
[15] 王元珍.IBM-PC 宏汇编语言程序设计.2 版.武汉:华中理工大学出版社,1996.

21 世纪高等学校数字媒体专业规划教材

ISBN	书　　名	定价(元)
9787302222651	数字图像处理技术	35.00
9787302218562	动态网页设计与制作	35.00
9787302222644	J2ME 手机游戏开发技术与实践	36.00
9787302217343	Flash 多媒体课件制作教程	29.50
9787302208037	Photoshop CS4 中文版上机必做练习	99.00
9787302210399	数字音视频资源的设计与制作	25.00
9787302201076	Flash 动画设计与制作	29.50
9787302174530	网页设计与制作	29.50
9787302185406	网页设计与制作实践教程	35.00
9787302180319	非线性编辑原理与技术	25.00
9787302168119	数字媒体技术导论	32.00
9787302155188	多媒体技术与应用	25.00

以上教材样书可以免费赠送给授课教师，如果需要，请发电子邮件与我们联系。

教学资源支持

敬爱的教师：

感谢您一直以来对清华版计算机教材的支持和爱护。为了配合本课程的教学需要，本教材配有配套的电子教案（素材），有需求的教师可以与我们联系，我们将向使用本教材进行教学的教师免费赠送电子教案（素材），希望有助于教学活动的开展。

相关信息请拨打电话 010-62776969 或发送电子邮件至 weijj@tup.tsinghua.edu.cn 咨询，也可以到清华大学出版社主页（http://www.tup.com.cn 或 http://www.tup.tsinghua.edu.cn）上查询和下载。

如果您在使用本教材的过程中遇到了什么问题，或者有相关教材出版计划，也请您发邮件或来信告诉我们，以便我们更好地为您服务。

地址：北京市海淀区双清路学研大厦 A 座 708　　　计算机与信息分社魏江江　收

邮编：100084　　　　　　　　　　　　电子邮件：weijj@tup.tsinghua.edu.cn

电话：010-62770175-4604　　　　　　邮购电话：010-62786544

《网页设计与制作》目录

ISBN 978-7-302-17453-0　　蔡立燕　梁　芳　主编

图书简介：

　　Dreamweaver 8、Fireworks 8 和 Flash 8 是 Macromedia 公司为网页制作人员研制的新一代网页设计软件，被称为网页制作"三剑客"。它们在专业网页制作、网页图形处理、矢量动画以及 Web 编程等领域中占有十分重要的地位。

　　本书共 11 章，从基础网络知识出发，从网站规划开始，重点介绍了使用"网页三剑客"制作网页的方法。内容包括了网页设计基础、HTML 语言基础、使用 Dreamweaver 8 管理站点和制作网页、使用 Fireworks 8 处理网页图像、使用 Flash 8 制作动画、动态交互式网页的制作，以及网站制作的综合应用。

　　本书遵循循序渐进的原则，通过实例结合基础知识讲解的方法介绍了网页设计与制作的基础知识和基本操作技能，在每章的后面都提供了配套的习题。

　　为了方便教学和读者上机操作练习，作者还编写了《网页设计与制作实践教程》一书，作为与本书配套的实验教材。另外，还有与本书配套的电子课件，供教师教学参考。

　　本书适合应用型本科院校、高职高专院校作为教材使用，也可作为自学网页制作技术的教材使用。

目　录：